DK手绘图解典藏书系

动物大百科
Animal Atlas

英国DK公司 编著 郭燕 译

北京出版集团
北京出版社

Original Title: Animal Atlas
Copyright © Dorling Kindersley Limited, 1992, 2018
A Penguin Random House Company

图书在版编目（CIP）数据

动物大百科 / 英国DK公司编著；郭燕译. — 北京：
北京出版社，2021.1
（DK手绘图解典藏书系）
书名原文：Animal Atlas
ISBN 978-7-200-15998-1

Ⅰ．①动… Ⅱ．①英… ②郭… Ⅲ．①动物 — 儿童读
物 Ⅳ．①Q95-49

中国版本图书馆CIP数据核字(2020)第205914号

版权合同登记号 图字：01-2019-7490 号
审图号：GS（2020）3666 号

DK手绘图解典藏书系
动物大百科
DONGWU DABAIKE
英国 DK 公司 编著
郭燕 译
＊
北 京 出 版 集 团
北 京 出 版 社 出版
（北京北三环中路6号）
邮政编码：100120
网址：www.bph.com.cn
北京出版集团总发行
新 华 书 店 经 销
鸿博昊天科技有限公司印刷
＊
889毫米×1194毫米 8开本 8印张 109千字
2021年1月第1版 2023年12月第4次印刷
ISBN 978-7-200-15998-1
定价：98.00元
如有印装质量问题，由本社负责调换
质量监督电话：010-58572393
责任编辑电话：010-58572511

www.dk.com

目录

4　导读说明

5　动物类群

6　动物的栖息地

8　北极地区

10　北美洲

10　森林、湖泊和草原

12　落基山脉

14　西部沙漠

16　大沼泽地

18　中美洲

20　南美洲

20　加拉帕戈斯群岛

22　安第斯山脉

24　亚马孙雨林

26　南美草原

28　欧洲

28　针叶林

30　林地

32　南欧

34　非洲

34　撒哈拉沙漠

36　雨林和湖泊

38　大草原

40　马达加斯加

42　亚洲

42　西伯利亚

44　沙漠和干草原

46　喜马拉雅山脉

48　远东

50　东南亚和印度

52　大洋洲

52　澳大利亚内地

54　热带雨林和森林

56　大堡礁

57　塔斯马尼亚

58　新西兰

59　南极洲

60　动物奇观

62　濒临绝种的动物

64　索引

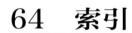

导读说明

在这本书中，每一幅跨页图介绍了一种类型的动物栖息地（也就是动物生活的地方）。例如，下图介绍的是欧洲的针叶林。本书先介绍北极地区的动物，之后按照世界各个大陆划分，分区介绍动物的栖息地，这些大陆分别是北美洲、南美洲、欧洲、非洲、亚洲、大洋洲和南极洲。下面将为你介绍本书每一幅跨页图上有些什么，符号代表什么。

分布在哪里？

这里标出该页介绍的动物栖息地在地球上的位置，以及其大致范围。以本页为例，红色部分代表的是欧洲针叶林覆盖的区域。

拉丁文名称

野猫
(*Felis silvestris*)

科学家已为每一物种取了一个拉丁文名称，如此一来，世界各地的人，不管他们使用何种语言，都可以用同一个名字称呼动物。动物的拉丁文名称分为两部分，前一部分是替许多类似动物取的属名，例如，Felis是为所有猫类取的属名。后一部分指出动物所属的种名，并且往往也描述了它的某种特征。野猫的全名是Felis silvestris，意思是"树林之猫"。

有多大？

体长：约5厘米

每个动物旁边的简要说明，提供了有关动物的重要数据，包括它的身高、体长或翼长。和人类一样，同一种动物也是大小不一，所以这里提供的只是一个大约的数据。

比例尺

你可以用这个比例尺，计算出地图上标示的地理面积。本书中的地图是按照不同的比例尺绘制的。

动物符号

地图上的动物符号说明该动物主要的分布地区，但有些动物分布广泛，遍及整个区域。跨页中的每一种动物均以一种动物符号来表示。

地图

地图显示出该页介绍的动物栖息地范围，以及其周围地区。举例来说，本页地图上显示的是欧洲的大部分地区，包括针叶林地带和其周围地区。地图还显示了该地区主要的地理特征。

照片

从地图中的照片上，你可以看到动物栖息地的概貌，以及生长在当地的植物种类。

动物类群

到目前为止，在地球上发现和了解的不同种类的动物有 100 多万种，但人们还不了解或尚未命名的动物可能多达三四百万种。动物都具有一些共同的特征。它们都能行动、呼吸、摄食、成长以及繁衍后代，并且能够适应它们生存环境的变化。为了便于研究，生物学家将动物划分为若干类群。主要的类群如下：

无脊椎动物

黑脉金斑蝶

无脊椎动物（没有脊椎骨的动物）是地球上最早出现的动物，时间约为6亿年至10亿年前。现存的无脊椎动物有几十万种，数量远远超过脊椎动物（有脊椎骨的动物）。无脊椎动物的形态各异、大小不一，包括珊瑚、海蜇、昆虫、蜗牛、蜘蛛、蟹类、蜈蚣和蠕虫。

无脊椎动物的特征：
· 没有脊椎骨

墨西哥金背

海星是一种生活在水中的无脊椎动物。它属于棘皮动物类，也就是说它们的皮肤上有许多凸起物。

鱼类

丝蝴蝶鱼

鱼类是约5亿年前从无脊椎动物进化而成的脊椎动物，是最早出现的脊椎动物，现存超过3万种，比所有的哺乳类、鸟类、爬行类和两栖动物的总数还多。例如，蝴蝶鱼和鲨鱼就是其中的两种鱼类。

鱼类的特征：
· 能够在水中生活
· 用鳃呼吸获取水中的氧气；有些鱼还可以用肺呼吸
· 身上有鳍，可以帮助它们游动
· 身上通常布满鳞片

大青鲨

鱼类以鳍代替脚。它们在水中靠鳍移动身体和控制方向。

两栖类

日本大鲵

两栖类是3.5亿年前从鱼类进化来的。现存超过7000种，其中包括蛙、蟾蜍和蝾螈。

两栖类的特征：
· 成体主要生活在陆地，但在水中繁殖
· 不能保持恒定的体温
· 皮肤多半柔软，没有鳞片
· 生活史一般分为三个阶段：卵、幼体（如蝌蚪）和成体
· 幼体用鳃呼吸，成体则用肺呼吸

蝌蚪在水中生活约15周，渐渐发育成小青蛙。它们主要以植物和水中的小生物为食。

绿蟾蜍

爬行类

大约3亿年前，爬行类从两栖类进化而来。现存超过1万种，其中包括蜥蜴、蛇、海龟、陆龟和鳄鱼。恐龙也属于爬行类。

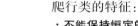

环颈蜥

爬行类的特征：
· 不能保持恒定的体温；以睡眠方式度过非常热或十分寒冷的季节
· 皮肤干燥，有鳞片，有些还有保护作用的骨板
· 大多在陆地上生活和繁殖
· 用肺呼吸

海龟生活在海中，但雌海龟必须到陆地（通常在沙滩）上产卵。

西部菱斑响尾蛇

鸟类

北岛褐几维鸟

鸟类是大约1.4亿年前从爬行类进化而来的。现存超过1万种，其中包括鹦鹉、鹰、企鹅、几维鸟、猫头鹰和鹳。大部分的鸟类都能飞翔。鸟的前腿被翅膀取代，骨骼中空，骨架轻盈，浑身长满羽毛，因此十分适合飞行。

鸟类的特征：
· 鸟类是现存的唯一有羽毛的动物
· 用肺呼吸
· 能保持恒定的体温
· 生蛋，蛋壳坚硬而不透水；通常能利用自己的体温孵蛋

鸟类的翅膀呈上凸下凹状。这种形状有助于它们在空中飞得更高。

金刚鹦鹉

哺乳类

西伯利亚虎

哺乳类是在大约2亿年前的恐龙时代从爬行类演化而来。现存的有接近6000种，其中包括袋鼠、鼠、猫、象、鲸、蝙蝠、猴子和人。

哺乳类的特征：
· 雌性用乳汁哺育后代
· 身体覆盖有毛皮或毛发
· 能保持恒定的体温，并有用来降低体温的汗腺
· 智力发达，脑部的体积大
· 用肺呼吸

更格卢鼠

雌性哺乳类的身上有乳腺，可分泌乳汁来哺育幼儿。

动物的栖息地

从寒冷的北极荒原到炎热的沙漠，世界上每个地方都有动物的踪迹。动物生活的地方称为栖息地。许多动物可共栖一地，它们各自以不同的食物为生，住在不同的角落。生活在各个栖息地上的动物都处于一种微妙的平衡状态，而这种平衡很容易就会被破坏。

这张跨页的地图上标示出世界各地主要的栖息地类型。为了求生存，动物皆发展出不同的特征，来适应各种栖息地。世界各地都有类型相近的栖息地，生

存在那里的动物也有着类似的特征，如北美沙漠的敏狐与撒哈拉沙漠的耶狐长得就很相似。

由于山脉和海洋等地理障碍，使得许多动物无法自由迁徙，因此分布的范围就受到局限。而某些能飞过或游过这些障碍的动物，它们分布的范围就十分广泛，例如遍及世界的蝙蝠，以及能漂洋过海、到达遥远岛屿的龟类。

北 美 洲

以前在北美洲和欧洲曾有广阔的阔叶林，但现在多数已遭砍伐。

佛罗里达州的大沼泽地面积辽阔，长满了锯齿草。

地中海周围地区土地干旱，植物很少，硬叶小灌木是其中的一种。

太 平 洋

大 西 洋

南 美 洲

极地和冻原

北极和南极天冷风寒，冬季漫长而黑暗，这种环境对动物来说十分恶劣。但是许多动物却在那里生存了下来，它们主要生活在海里或北极周围的冻原上。在短暂的夏季，许多动物都迁往北极地区繁育后代。

请参考：第8−9页、第42−43页、第59页

针叶林

世界上最大的森林区横亘在北美洲、欧洲和亚洲的北端。人们称它为针叶林。那里的树木大多是针叶树（例如，枞树和云杉），树叶呈针状，终年不落。这些森林为许多动物提供了食物和栖息地，特别是在寒冷的冬季里。

请参考：第10−11页、第28−29页、第42−43页

草原

草原分布于气候过于干燥、树木无法大片生长的地方。草的根能固定土壤，而草又是大群草食性动物的食物。非洲大草原属于热带草原，而北美草原、南美草原（潘帕斯草原）和亚洲干草原等，则是位于较寒冷地带的草原。

请参考：第10−11页、第26−27页、第38−39页、第44−45页

南美草原面积辽阔，大部分地区被农民用来牧牛。

阔叶林

阔叶林位于针叶林以南，那里的气候全年温和、雨水充沛。阔叶树大都叶子宽大（如桦树和山毛榉），秋季落叶，冬季休眠。

请参考：第10−11页、第30−31页

硬叶灌丛带

在地中海周围地区，澳大利亚部分地区和美国加利福尼亚州，可发现硬叶灌木和矮小树丛零星散布在多尘而且干旱的土地上。此地区雨量大部分集中在冬季，因此生活在这些地区的动物，必须适应漫长、干燥和炎热的夏季时期。

请参考：第32−33页

南

■ 沙漠

沙漠地区的雨水稀少，所以生活在沙漠中的动物长期不喝水也能生存下去，或者它们能从食物中得到所需的全部水分。它们还要忍受白天的酷热和夜间的寒冷。许多动物只在早晚天气稍微凉爽湿润的时候外出活动。

请参考：第14-15页、第34-35页、第44-45页、第52-53页

■ 雨林

雨林分布在全年气候温暖湿润的赤道地区附近。树木大多四季常青，叶子宽大。雨林中的野生动物种类是地球上最多的。世界上50%以上种类的动植物都生长在雨林中。

请参考：第24-25页、第36-37页、第54-55页

■ 湿地和沼泽

潮湿积水的地区形成于湖泊与河流附近，以及沿海地带。佛罗里达州的大沼泽地是世界上面积最大的湿地之一。红树林沼泽通常位于热带地区的海岸地带。这两种栖息地的食物来源充足，适合动物繁殖的地点多，为多种动物（尤其鸟类和昆虫）提供了安身之处。

请参考：第16-17页

■ 山地

世界上的寒带和温带地区都有山地。从低处山坡上的森林，到草原和高处的冻原，山地为野生动物提供了辽阔的栖息范围。海拔愈高，温度就愈低。超过一定的高度（称为林木生长线）后，气温便太低，不适宜树木生长。再往上就是雪线了。雪线以上，气温非常低，地面常年为冰雪所覆盖。山区气候恶劣，气温低、风力大、降雨少，还有很多陡峭、光滑的斜坡。

请参考：第12-13页、第22-23页、第46-47页

针叶林带是世界上面积最大的森林，绵亘于亚洲北部。

欧 洲

地 中 海

亚 洲

非 洲

位于澳大利亚东北部沿海的大堡礁，是地球上最庞大的珊瑚礁。

太 平 洋

非洲的乞力马扎罗山几乎是位于赤道线上，但是由于海拔很高，山顶上仍是白雪皑皑。

印 度 洋

雨林中长满茂密的热带丛林植物，有种类繁多的动物栖息在其中。

大 洋 洲

南极洲是地球上最寒冷、最孤立的大陆，大部分的土地上都覆盖着厚厚的冰盖。

极 洲

被称为"内地"的澳大利亚中部地区，主要为干燥多石的沙漠，那里几乎是草木不生。

■ 珊瑚礁

珊瑚礁是由珊瑚这种微小动物的骨骼形成的。数百万年来，它们一层层堆积，形成礁石。只有在温暖、含盐量高的浅水，才有珊瑚礁形成。生活在珊瑚礁周围的鱼、珊瑚、海绵和其他动物，种类繁多。

请参考：第56页

北极地区

北极地区包括了北美洲、欧洲和亚洲的最北端的冻原带（冰冻之地）以及北极周围广袤的冰封海洋冻土层。这是地球上最寒冷的地区之一。气温很少高于10摄氏度，冬天气温常低至零下40摄氏度。夏季很短，终日如白昼般明亮。光和热有助于海中的浮游生物生长，这些微小的动植物是鱼、海豹和鸟类的食物。陆地上繁花盛开，供养了成千上万的昆虫。许多鸟类（如北极燕鸥和黑雁）到北极生育后代，就是因为那里有昆虫可以作为食物。冬季时，这些鸟类会再返回到温暖地区。有些海豹和鲸也会南迁，寻找温暖的水域。

储存食物

夏季时，北极狐将死鸟和蛋等食物储存在岩石下面。由于天气很冷，所以食物能像放在冰箱中一样保存完好。在冬季不易找到新鲜食物时，北极狐就用它们来充饥。北极狐的毛被很厚，能够在零下50摄氏度的低温中生存。

北极狐
（ Alopex lagopus ）
体长：最长可达70厘米
尾长：最长可达40厘米

髭海豹
（ Erignathus barbatus ）
体长：最长可达2.5米

奇妙的胡须

髭海豹生活在冰帽边缘附近的海洋中。髭海豹用它又长又敏锐的胡须在海底寻食甲壳动物。此外，它也吃鱼虾。春季时，雌豹会拖着沉重的身体，爬到冰上分娩。

驯鹿牛蝇
（ Hypoderma tarand ）
体长：约1.5厘米

冠海豹
（ Cystophora cristata ）
体长：最长可达3米

可怕的苍蝇

驯鹿牛蝇将卵产在夏季时迁到北极地区的驯鹿毛皮中。卵孵化后，蝇蛆会穿过驯鹿的皮肤，在鹿肉中生存。当蝇蛆发育为成虫后，它们便离开鹿体，落到地上。

北极熊（ Ursus maritimus ）
肩高：最高可达1.6米
体长：最长可达3.4米

要命的爪子

北极熊的身躯十分庞大，体重相当于10个成年人的体重。北极熊的主要食物是海豹，它常常在海豹钻出冰洞呼吸空气时捕捉它们。北极熊的掌爪巨大，可以一掌打死一头海豹，再用爪子牢牢抓住它。

气球似的鼻子

雄性冠海豹的鼻子末端有一个气球似的奇怪构造。在繁殖期时，冠海豹会吹胀它，有时能将它吹到约30厘米长。"气球"中的气体使冠海豹洪亮的声音变得更为高亢，以此警告其他雄海豹，叫它们离远点。冠海豹一生多半待在海中，觅食鱼类和墨鱼。只有在交配、繁殖和蜕皮时，它们才会爬到冰上。

最长的被毛

麝牛的被毛几乎是哺乳动物中最长的。有些较外层的毛近1米长。如果有一群麝牛受到攻击，它们会紧紧地靠在一起，围成一个圆圈，用尖利的角自卫。幼牛则站在圈子中央，受到保护。

麝牛（ Ovibos moschatus ）
肩高：最高可达1.5米
角长：最长可达70厘米

北极一角鲸

一角鲸是一种哺乳动物，与鲸和海豚有血缘关系。它只有两颗牙。雄性一角鲸的其中一颗牙又长又尖，呈螺旋状，从上唇的一个洞中伸出，这颗牙显示了雄性一角鲸的支配地位，另外，雄鲸会用长牙互相较量。

一角鲸（ Monodon monoceros ）
体长：最长可达5米
牙长：最长可达约3米

迁徙冠军

北极燕鸥在北极短暂的夏季里抚育幼鸟，然后在南极夏季来临、食物充足时，飞行13000千米到南极。它的迁徙路程是鸟类中最长的。北极燕鸥能活30年或更长，所以它一生的旅程可能超过800000千米以上。

北极燕鸥
（ *Sterna paradisaea* ）
体长：约35厘米

海上金丝雀

白鲸以各种声音互相传达信息。由于它们能发出各种声音，像唱歌一样，19世纪的水手常称它们为"海上金丝雀"。它们还能发出咔嗒咔嗒的声音，这种声音遇到周围的物体时会反射回来，帮助它们找到自己的方向。一到冬季，白鲸会聚集起来，大举南迁。

白鲸
（ *Delphinapterus leucas* ）
体长：最长可达6.1米

雪兔（ *Lepus timidus* ）
体长：最长可达60厘米
尾长：最长可达8厘米

会变色的被毛

雪兔能变换自己被毛的颜色，以适应周围环境的变化。冬季，它的毛呈白色或灰色，使它在雪中不容易被发现。春天，当冰雪融化后，雪兔的白毛褪掉，长出灰褐色的毛。

北美洲
波弗特海
麝牛
驯鹿牛蝇
班克斯岛
欧绒鸭
北极狐
巴芬岛
埃尔斯米尔岛
一角鲸
海象陵
格陵兰
北极圈
亚洲
勒拿河
奥列尼奥克河
白鲸
拉普捷夫海
北极熊
北极燕鸥
北极
北冰洋
髭海豹
雪兔
冠海豹
大西洋
挪威海
冰岛

由于冰天雪地的北极冰帽上没有植物或昆虫可以作为食物，因此这里几乎没有什么动物。

北极有些并非常年为冰雪所覆盖的地区，称为冻原，土壤下面常有冰冻层存在。

格陵兰岛上布满了漂着浮冰的河流，这些河流被称为冰河。

公里
0 300 600 900
英里
0 300 600
注：1公里＝0.6214英里

欧绒鸭
（ *Somateria mollissima* ）
体长：最长可达70厘米

在岛上筑巢

在北冰洋的小岛上，常见欧绒鸭在草丛中生育后代。在偏远地方筑巢，可以保护幼鸭不受人侵袭。雌绒鸭会轻轻地从自己胸前啄下绒毛铺在巢中。当雄绒鸭和雌绒鸭都要离巢时，它们会将绒毛盖在蛋上。这样既能保温，又能躲开天敌（如鸥和狐）的注意。

海象
（ *Odobenus rosmarus* ）
体长：最长可达3.5米
牙长：最长可达90厘米

能挖东西的牙齿

海象有很长的牙齿，可用来挖掘海底的甲壳类动物和其他小动物。海象是群居动物，每天大部分的时间都在冰上睡觉。到了繁殖期，海象会在老地方聚集，然后雄海象便开始相互争夺配偶。

北美洲 森林、湖泊和草原

北美浣熊
（*Procyon lotor*）
体长：最长可达66厘米
尾长：最长可达30厘米

加拿大的常绿森林中有茂密的云杉、松树和枞树。这些森林中还布满沼泽和湖泊。再往南，橡树林、山胡桃林和栗树林曾遍布整个北美东部地区。如今，这一大片森林因砍伐和开垦农地而遭破坏。森林中的一些动物，如浣熊和负子鼠，已能适应这个新环境，但许多动物数量大减，很难继续生存或迁往山区。

过去这里的草原一望无际，有成千上万的北美野牛和叉角羚在草原上生活。但在19世纪期间，它们几乎被猎人捕杀殆尽。现在这两种动物都被列为保护动物，而这个地区的许多地方则被开发为农地。

爱翻垃圾箱的浣熊

北美浣熊的爪子又长又灵敏，专门用于搜寻食物。它常常跑到城里，到垃圾箱中寻找残羹剩饭。浣熊的毛皮厚实，在冬季时有保暖作用。

艾草松鸡
（*Centrocercus urophasianus*）
体长：最长可达76厘米

大脸颊

花栗鼠脸上有巨大的颊囊，用来储存食物并把食物运送到它的地下洞穴。洞穴中有若干存放食物的贮藏室，还有供居住和筑巢的房间。冬季时，花栗鼠便在穴中冬眠。

花栗鼠（*Tamias minimus*）
体长：最长可达19.9厘米
尾长：最长可达11厘米

有香味的肉

艾草松鸡以山艾树的叶子为食，以至于它的肉也带有一股浓厚的山艾味。春季时，雄艾草松鸡为了赢得雌艾草松鸡的注意，会特别表现一番。它隆起胸部的羽毛，将尾羽时而打开，时而闭合，并胀大颈部的气囊，发出响亮吵嘈的叫声。

二星瓢虫
（*Adalia bipunctata*）
体长：最长可达6毫米

害虫的克星

在北美洲到处可见二星瓢虫，它们栖息在森林、田野和花园等地。二星瓢虫以小昆虫为食，因此有助于减少花园和田野中的害虫。这种瓢虫的外壳坚硬，翅鞘呈红色，可保护下面柔软的翅膀和身体不受伤害。

育空河 白头海雕 驼鹿

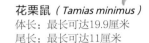

许多水鸟生活在森林中的湖泊，包括鸥、鸭和天鹅。

落基

太平洋

高大的鹿

驼鹿是世界上体形最大的鹿。秋季时，雄驼鹿可重达450千克以上。驼鹿的蹄宽腿长，适宜在深雪、沼泽和湖泊中行进。它的上嘴唇向前突出，能撕碎各种枝叶。到秋季时，雄驼鹿会用鹿角相互搏斗，以赢取配偶。

驼鹿（*Alces alces*）
肩高：最高可达2米
体长：最长可达3.2米

会吹号角的鸟

美洲鹤的英文原名"鬼叫鹤"，是由于它能发出类似鬼叫声而得名。它只栖息在加拿大西北部的遥远地区。到了20世纪40年代，美洲鹤几乎被捕猎殆尽。现已成为保护动物。

美洲鹤（*Grus americana*）
身高：约1.5米
翼展：约2.2米

草原上平坦的土地现已被用来种植小麦。

汪汪叫的挖洞者

黑尾草原犬鼠是松鼠科的一员，居住在草原下的洞穴中。受惊时，它会发出狗叫声，因而被命名为草原犬鼠。在人们刚开垦这个地区前，草原犬鼠就成群聚居在这片广阔的区域，数量多得数不胜数。

黑尾草原犬鼠（*Cynomys ludovicianus*）
体长：最长可达35厘米
尾长：约8厘米

白色的脑袋

白头海雕是美国的国鸟。它因头部、颈部的羽毛为白色而得名。白头海雕求爱的场面极为壮观：雄雕和雌雕的爪子相握，边飞边在空中翻筋斗。它们用枝条、杂草和泥土筑起巨大的巢穴，并且逐年修补。

白头海雕
（*Haliaeetus leucocephalus*）
体长：最长可达96厘米
翼展：最长可达2.4米

黑脉金斑蝶
（*Danaus plexippus*）
翅展：最长可达12.5厘米

筑坝者

美洲河狸有强劲的爪子和坚硬的前牙。它能咬断树干，用树干在河中建筑堤坝。建成后，坝的后方便形成一个池塘。河狸会在池塘中用树枝和泥土建筑巢穴。

伟大的旅行家

一到秋天，黑脉金斑蝶就从加拿大飞往美国加利福尼亚州、墨西哥或加勒比地区，行程达3200千米以上。春天时它再往北飞，但在中途会停下来交配然后死去。它的后代会继续完成北移的旅程。

美洲河狸（*Castor canadensis*）
体长：最长可达1.2米
尾长：最长可达30厘米

貂熊（*Gulo gulo*）
肩高：约38厘米
体长：最长可达86厘米

冠蓝鸦
（*Cyanocitta cristata*）
体长：约25厘米

由空中鸟瞰英格兰阔叶林的秋景。

无坚不摧的咬力

就它的体形来说，凶猛的貂熊算是身强力壮，而且它的咬合强劲有力，无坚不摧。已知它能咬死大如驯鹿的动物。貂熊的脚趾往外张开，因此它在追逐猎物时能在雪地上不断跳跃。貂熊可一口气走65千米。

植树鸟

冠蓝鸦常将橡树种子和其他的树种埋在地下，以备将来食用。有些种子会发出新芽，长成树木，使得森林范围扩大。在春秋两季，冠蓝鸦会大举南迁，飞往温暖地区。

北美负鼠（*Didelphis virginiana*）
体长：最长可达97厘米
尾长：最长可达50厘米

育儿袋

北美负鼠是北美洲唯一的有袋哺乳类动物。幼鼠出生后会爬到母鼠的育儿袋中，一待就是好几个月，靠母鼠的乳汁生活。为了躲避敌人，北美负鼠有时会"装死"，它能假装昏迷达数小时之久。

大熊湖
马更些河
貂熊
大奴湖
美洲鹤
斯河
二星瓢虫
北美浣熊
冠蓝鸦
花栗鼠
北美负鼠
克河
密苏里河
温尼伯湖
黑脉金斑蝶
艾草松鸡
大蓝湖
五大湖
北美负鼠
黑尾草原犬鼠
美洲河狸
科罗拉多河
阿巴拉契亚山脉
阿肯色河
雷德河
格兰德河
北美洲
哈得孙湾
劳伦斯河
圣劳伦斯河
大平原
密西西比河
大西洋

公里
0 400 800 1200

英里
0 400 800

落基山脉

落基山脉是绵延于北美西部的庞大山岭。它阻挡了从太平洋吹向北美洲大陆的湿风。当风随着山势升高并冷却后,风中的水汽便会形成雨或雪。在山顶上,风速可达到每小时320千米,气温低至零下51摄氏度。落基山脉为那些遭到猎捕或被人类逐出其他栖息地的动物,提供了避难所。这儿有些动物特别擅长在山坡上攀爬跳跃。许多动物有保暖的毛皮,能够抵御严寒。冬季时,有些动物会迁到低处山坡的森林栖息。

田鼠绢蝶
(*Parnassius smitheus*)
翅展:最长可达9厘米

夏天的蝴蝶

雄性田鼠绢蝶在仲夏时会在落基山脉出现,它们飞过草地去寻找雌蝶,而雌蝶要在8~10天后才会出现。

长毛盔甲

北美豪猪身上长着约3万根又长又尖的毛,人们称这种毛为刺。当它受到威胁时,就会转过身,竖起身上的刺,并不停地摆动尾巴。它的尾刺像箭一样有倒钩,可刺入敌人皮肤。

北美豪猪
(*Erethizon dorsatum*)
体长:最长可达76厘米
尾长:最长可达28厘米

灰色的庞然大物

庞大的北美灰熊因其毛尖呈灰白色而得名。它能杀死驼鹿或如驯鹿般大小的动物,但它通常以较小的动物、鱼和植物为食。它那用来杀死猎物的前爪又长又大。北美灰熊短距离奔跑的速度与马一样快,它还能用后腿站立起来,以便仔细观察猎物。秋季时,北美灰熊会大吃一顿,以便积聚脂肪,在冬眠中度过寒冬。

北美灰熊
(*Ursus arctos horribilis*)
后腿站立时身高:最高可达3米

稳健的脚

大角羊善于在陡峭的山坡上攀登、跳跃。它的每一个蹄子都分为两部分,可牢牢地抓住岩石。雄羊长着弯曲的角。在繁殖期间,雄羊会用角与它的对手搏斗。

大角羊 (*Ovis canadensis*)
体长:最长可达1.8米
角长:最长可达90厘米

冬天的白毛

夏天时,白靴兔的毛皮呈褐色,但到冬天就会变成白色,使得它在雪中不易被发现。白靴兔的脚上也会长出厚密的毛,看上去就像雪地鞋一样。这些毛既能保暖,又能使它避免陷入雪中。

白靴兔
(*Lepus americanus*)
体长:最长可达50厘米

有伪装作用的斑点

短尾猫的毛皮上长满斑点,如此可使它们在岩石或森林中不易引起注意,在接近猎物时不至于被发现。短尾猫通常以兔子为食,但它也几乎捕食所有的爬行动物、哺乳动物或鸟。它甚至能杀死一头鹿,那足够它吃一星期或一星期以上。

短尾猫
(*Lynx rufus*)
肩高:约25厘米
体长:最长可达1.2米

林中的滑翔能手

北美飞鼠的身体两侧有下垂的皮膜，张开时就像翅膀一样，使它能在树林中穿梭滑翔。北美飞鼠以移动四肢来控制滑行，用尾巴为舵来改变飞行方向。它的滑翔距离最远可达38米。

北美飞鼠
（ *Glaucomys sabrinus* ）
体长：最长可达35厘米
尾长：最长可达13厘米

雪羊
（ *Oreamnos americanus* ）
肩高：最高可达1米

抓地力强的脚趾

雪羊的脚趾弯曲，有助于它爬上陡峭的山坡或巉岩，躲开大部分敌人的袭击。小羊羔出生后几分钟就能站立，几天后就能随母亲翻越陡崖峭壁。

捕捉昆虫的能手

山蓝鸲以食用树种子、浆果和昆虫为生。看到有昆虫从身旁飞过，它会猛扑过去；如果猎物在地上，它会先低飞过去，然后直扑而下。

山蓝鸲
（ *Sialia currucoides* ）
体长：最长可达19厘米

白尾雷鸟
（ *Lagopus Leucura* ）
体长：约33厘米

行动诡秘的猛兽

美洲狮（也称山狮）在夜间偷袭猎物。它先蹑手蹑脚地逼近猎物，然后再从高处的树上或岩石上猛扑而下。美洲狮的爪子尖而长，有利于它捕捉猎物。捉到猎物后，它就咬断猎物的喉咙，使其毙命。

美洲狮（ *Puma concolor* ）
肩高：约63厘米
体长：最长可达2米

长羽毛的脚

白尾雷鸟的脚上长有羽毛，这不仅可以保暖，还可使它避免陷入雪中。每逢春夏两季的繁殖期，雌雷鸟的羽毛会变成条纹状，使它在巢中不易被发觉。冬季时，雌鸟和雄鸟都会长出白色羽毛，以便于在雪中藏身。

美洲赤鹿
（ *Cervus canadensis* ）
肩高：1.6米
角长：1.5米

令人称奇的鹿角

美洲赤鹿是鹿的一种。在秋季的繁殖期，雄鹿为赢得配偶，会用头上巨大的鹿角相斗。雄鹿角可重达11千克。美洲赤鹿的英文原名 "wapiti" 是从美洲的印第安语而来，意思是 "白色的"，指的是赤鹿臀部的白斑。

北美洲有很多大河发源于落基山脉，例如密苏里河。

落基山脉每年的降雪量可高达60米。

落基山脉的山坡上松树和枞树林立。

北 冰 洋

大熊湖

大奴湖

温尼伯湖

育空河

阿拉斯加湾

北美灰熊

白尾雷鸟

北美飞鼠

白靴兔

雪羊

大角羊

美洲赤鹿

北美豪猪

落基山脉

北 美 洲

太 平 洋

田鼠绢蝶

美洲狮

大平原

海岸山脉

内华达山脉

科罗拉多河

山蓝鸲

大盐湖

密苏里河

短尾猫

公里
0　250　500　750

英里
0　250　500

13

西部沙漠

多石的北美沙漠包括了美国西南部和墨西哥北部的广大地区。大盆地是此区面积最大的沙漠，它位于两座山脉之间——东面是落基山脉，西面是内华达山脉。大盆地的南部与莫哈维沙漠接壤，在两者之间是地球上最炎热的地区之一——死谷。在莫哈维沙漠以南，则有以大型巨柱仙人掌而闻名于世的索诺兰沙漠。

沙漠的环境恶劣，但是许多动物充分利用那里仅有的一点水分，顽强地生活着。有些动物就算不喝一滴水，也不会死亡。许多动物白天待在地穴中，只在晚上天气比较凉爽潮湿时，才外出活动。

以耳朵作天线

敏狐是北美洲体形最小的狐之一。它在夜间外出捕食时，会用它那硕大的耳朵作为天线，跟踪猎物。敏狐以更格卢鼠、草原犬鼠和兔子为食，它行动迅速敏捷，能在猎物逃入洞穴前追捕到它们。

嘎嘎的警告声

西部菱斑响尾蛇的尾巴上长着一串"响环"，遇险时它会摇动响环，警告其他动物不要踩到它。响环是由一串角质环组成。每蜕一次皮，就会在尾巴上增加一节响环。西部菱斑响尾蛇属于毒蛇，它用长长的毒牙捕杀小动物。

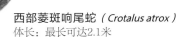

西部菱斑响尾蛇（*Crotalus atrox*）
体长：最长可达2.1米

沙漠凤蝶
（*Papilio polyxenescoloro*）
翅展：最长可达7厘米

臭味防身

西部斑臭鼬会向敌人放出气味难闻的挥发性液体来自卫。这种液体来自它尾巴下面的臭腺。臭鼬常常对着敌人的眼睛放臭液，而且它能准确地射中3.6米之外的目标。放臭液前，臭鼬会先倒立，展示一下它那醒目的黑白相间的毛皮。它这么做是警告敌人，如果再不走开，它就要放臭液了。臭鼬主要在夜间外出捕食小动物、蛋、昆虫和水果。

敏狐（*Vulpes macrotis*）
体长：最长可达55厘米
尾长：最长可达29厘米

拖着尾巴的蝴蝶

沙漠凤蝶的英文名称"沙漠燕尾蝶"，是因其尾翼拖着类似燕子的长尾巴而得名。它生活在沙漠地区的山谷中，只在雨后繁殖。这种蝴蝶的幼虫在受到惊吓时，会放出一种臭味，借此吓跑天敌。

西部斑臭鼬
（*Spilogale gracilis*）
体长：最长可达35厘米
尾长：最长可达22厘米

棕曲嘴鹪鹩
（*Campylorhynchus brunneicapillus*）
体长：最长可达21厘米

多刺的堡垒

棕曲嘴鹪鹩的巢非常大，呈半球形，建在仙人掌或多刺灌木丛的针刺中，使敌人难以靠近，幼鸟因此能受到安全的保护。这种鸟的羽毛坚韧，腿上的皮肤坚硬多鳞，不容易被刺伤。棕曲嘴鹪鹩有时会建造好几个巢，以作为冬季栖息之用。

走鹃
（*Geococcyx califomianus*）
体长：最长可达60厘米
尾长：约30厘米

奔走如飞的鸟

走鹃生活在地面上，极少飞翔。它的腿力非常强劲，奔跑速度可以高达每小时24千米。它的长尾巴既可当刹车，也可作为方向舵。因此它能突然转弯或止步。走鹃身强体壮，口喙锋利，能一口咬死一条蛇。

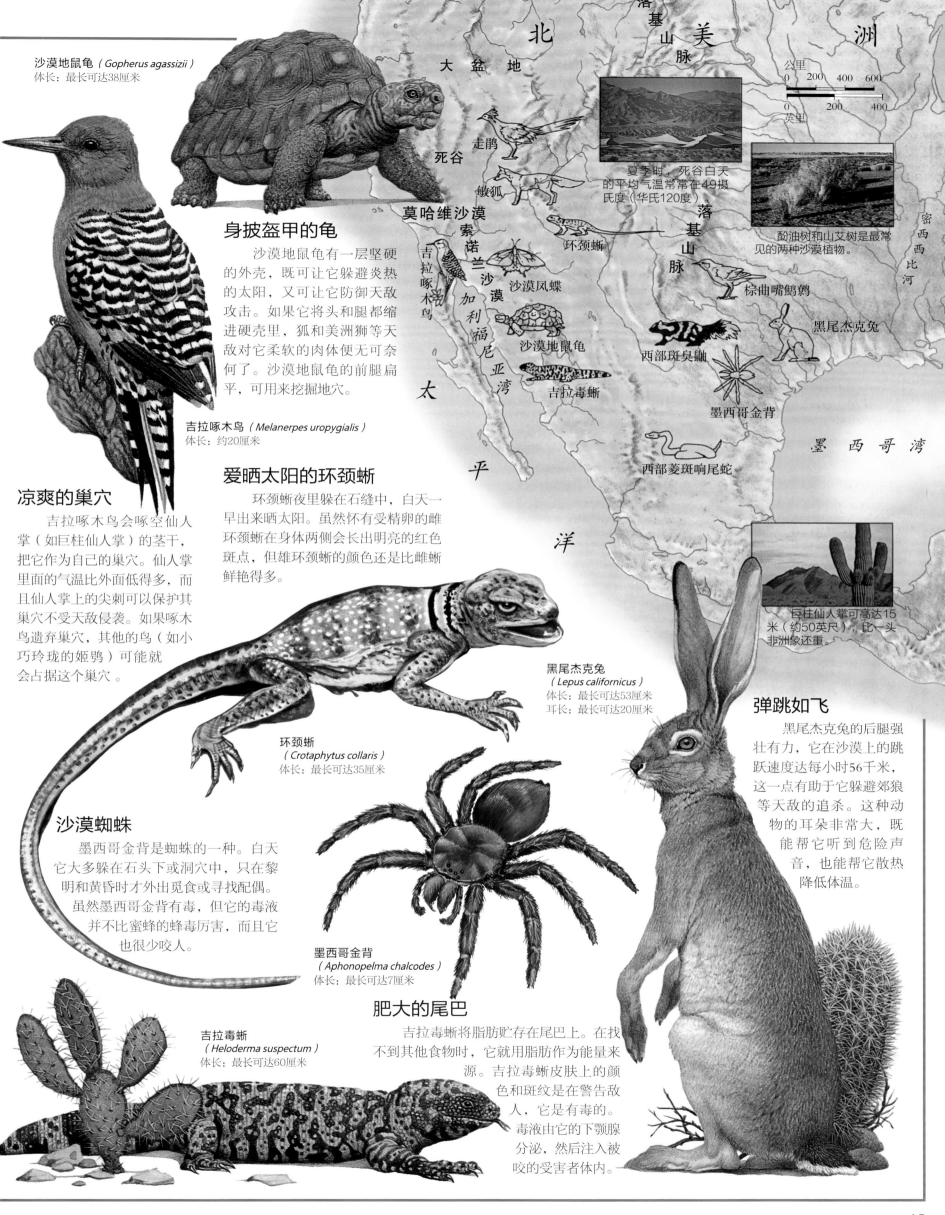

沙漠地鼠龟（*Gopherus agassizii*）
体长：最长可达38厘米

落基山脉

北 美 洲

大 盆 地

公里
0 200 400 600

英里
0 200 400

死谷

走鹃

敏狐

莫哈维沙漠

环颈蜥

夏季时，死谷白天的平均气温常常在49摄氏度（华氏120度）

落基山脉

酚油树和山艾树是最常见的两种沙漠植物。

索诺兰沙漠

吉拉啄木鸟

沙漠凤蝶

加利福尼亚湾

沙漠地鼠龟

棕曲嘴鹟鹩

太

黑尾杰克兔

西部斑臭鼬

吉拉毒蜥

墨西哥金背

平

西部菱斑响尾蛇

洋

密西西比河

墨 西 哥 湾

身披盔甲的龟

沙漠地鼠龟有一层坚硬的外壳，既可让它躲避炎热的太阳，又可让它防御天敌攻击。如果它将头和腿都缩进硬壳里，狐和美洲狮等天敌对它柔软的肉体便无可奈何了。沙漠地鼠龟的前腿扁平，可用来挖掘地穴。

吉拉啄木鸟（*Melanerpes uropygialis*）
体长：约20厘米

凉爽的巢穴

吉拉啄木鸟会啄空仙人掌（如巨柱仙人掌）的茎干，把它作为自己的巢穴。仙人掌里面的气温比外面低得多，而且仙人掌上的尖刺可以保护其巢穴不受天敌侵袭。如果啄木鸟遗弃巢穴，其他的鸟（如小巧玲珑的姬鸮）可能就会占据这个巢穴。

爱晒太阳的环颈蜥

环颈蜥夜里躲在石缝中，白天一早出来晒太阳。虽然怀有受精卵的雌环颈蜥在身体两侧会长出明亮的红色斑点，但雄环颈蜥的颜色还是比雌蜥鲜艳得多。

巨柱仙人掌可高达15米（约50英尺），比一头非洲象还重。

黑尾杰克兔
（*Lepus californicus*）
体长：最长可达53厘米
耳长：最长可达20厘米

环颈蜥
（*Crotaphytus collaris*）
体长：最长可达35厘米

弹跳如飞

黑尾杰克兔的后腿强壮有力，它在沙漠上的跳跃速度达每小时56千米，这一点有助于它躲避郊狼等天敌的追杀。这种动物的耳朵非常大，既能帮它听到危险声音，也能帮它散热降低体温。

沙漠蜘蛛

墨西哥金背是蜘蛛的一种。白天它大多躲在石头下或洞穴中，只在黎明和黄昏时才外出觅食或寻找配偶。虽然墨西哥金背有毒，但它的毒液并不比蜜蜂的蜂毒厉害，而且它也很少咬人。

墨西哥金背
（*Aphonopelma chalcodes*）
体长：最长可达7厘米

肥大的尾巴

吉拉毒蜥将脂肪贮存在尾巴上。在找不到其他食物时，它就用脂肪作为能量来源。吉拉毒蜥皮肤上的颜色和斑纹是在警告敌人，它是有毒的。毒液由它的下颚腺分泌，然后注入被咬的受害者体内。

吉拉毒蜥
（*Heloderma suspectum*）
体长：最长可达60厘米

大沼泽地

大沼泽地国家公园的亚热带湿地位于美国佛罗里达州的南部，面积共有 6070 平方千米。这一大片沼泽，有水道贯穿其中。沼泽上杂草丛生，间有长满树木的岛屿。这里气候主要分为潮湿的夏季和干燥的冬季。夏季时水面升高，动物可自由穿梭于整个公园。但冬季时，它们就只能聚集在少数水洞周围。

这个公园为大量昆虫、鱼类、爬行动物和鸟类提供充足的食物与繁殖地，许多稀有动物也住在这里。不幸的是，大沼泽地受到人口增加、农业活动、环境污染和运河建设等因素影响，生态受到严重威胁，只有 2% 的动物栖息地没有受到影响。但幸运的是，其他受污染的地区是可以修复的。

蠵龟（Caretta caretta）
体长：最长可达2.1米

危险的旅程

雌蠵龟在夜间上岸，爬到海滩上产蛋。它会先挖好洞，再产下100多个蛋，随后埋上沙子，回到海里。大约8周后，幼龟破壳而出，以最快的速度奔向安全的大海。在它们爬进大海前，许多幼龟会被海鸥和贼鸥吃掉。

美洲短吻鳄
（Alligator mississippiensis）
体长：最长可达4.6米

有毒的蝴蝶

黄条袖蝶的幼虫以西番莲藤为食物，这种植物对大多数动物来说是有毒的。一只成年黄条袖蝶通过食用花粉来积蓄毒液，以此来保护自己不受天敌袭击。

黄条袖蝶
（Heliconius charithonia）
翅展：最长可达10厘米

挖洞的鳄鱼

美洲短吻鳄会在沼泽地上挖出巨大的洞穴。在旱季，当大沼泽地变干时，这些洞穴中仍充满了水。龟类、鱼类和其他动物常去那儿避难，结果就成了鳄鱼的腹中物。

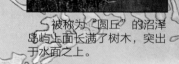

↑被称为"圆丘"的沼泽岛屿上面长满了树木，突出于水面之上。

蜗鸢
（Rostrhamus sociabilis）
体长：最长可达48厘米
翼展：约1.1米

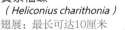

以蜗牛为食

蜗鸢也叫"螺鸢"，因它日常所食的食物而得名——它主要吃一种福寿螺属的水中螺类。这种鸢的嘴巴细长且带钩，不必击碎螺壳，即可啄出螺类柔软的身体。蜗鸢喜爱群居，觅食时成群结队。

褐鹈鹕
（Pelecanus occidentalis）
体长：最长可达1.5米
翼展：最长可达2.5米

超级潜水员

褐鹈鹕以鱼为食。捕猎时，它潇洒地俯冲入海，钻出水面时，嘴巴下方的大袋中已装满了鱼和水，承载的重量可达鸟本身体重的两倍。褐鹈鹕能在不到两秒的时间里捉到一条鱼。

感热器

食鱼蝮是一种毒蛇，半水生动物，主要在夜间捕食。它的头部有几个叫作颊窝的小洞。这些颊窝能够感应到热能，因此能帮助它在黑暗中找到青蛙和鱼类。食鱼蝮是用毒牙杀死猎物的。

食鱼蝮
（Agkistrodon piscivorus）
体长：最长可达1.8米

大沼泽地国家公园的边界

佛罗里达州

食鱼蝮

西印度海牛

布罗德河

哈尼河

沙克河

墨西哥湾

蠵龟

比斯坎湾

美洲红树林是大沼泽地最常见的树种之一。

蜗鸢

丽彩鹀

黄条袖蝶

美洲短吻鳄

美国树蟾

长吻雀鳝

公里
英里

库蚊

粉红琵鹭

褐鹈鹕

美洲印第安人将大沼泽地区称为"巴—海—欧基",意思是"草之河"。

佛罗里达湾

佛罗里达群岛

大西洋

有黏性的脚趾

美国树蟾的脚趾上长有黏性吸垫,因此可以牢牢地攀附在光滑的物体上。大多数成年的树蟾都能根据气温、光线或湿度变换身上的颜色或斑纹,但这需要1小时或1小时以上。树蟾又小又轻,一片树叶就能承受住它的身体。

美国树蟾
(Hyla cinerea)
体长:最长可达6厘米

强有力的双颚

长吻雀鳝潜伏在芦苇中时,看上去就像一根浮木。它的双颚强劲有力,牙齿非常骇人。它的长嘴一探,即可叼住水中的鱼和其他动物。长吻雀鳝有鳃,可在水下呼吸,但水干涸后,它照样能呼吸。长吻雀鳝是一种古老的动物,它的祖先生活在1.5亿年前的恐龙时代,从那时起至此,长吻雀鳝一直保持原貌。

吸血者

雌性库蚊产卵前得先吸血,它先叮咬哺乳动物,吸食鲜血,然后再飞到池塘中产卵。幼虫在水面下孵育,它腹部的末端长有呼吸管,因此可以到水面上呼吸空气。

库蚊
(Culex species)
体长:最长可达1厘米

长吻雀鳝
(Lepisosteus osseus)
体长:最长可达2米

粉红琵鹭
(Phtalea ajaja)
体长:最长可达87厘米
翼展:1.3米

游泳能手

西印度海牛是一种稀有的哺乳动物,只生活在水中。它是个游泳能手,在水中用扁平的尾巴推动身体前进,速度可达每小时25千米以上。海牛在水中最长能停留15分钟,之后必须到水面上呼吸空气。它的体重可高达1000千克,每天必须吃30千克左右的植物来维持体力。

丽彩鹀
(Passerina ciris)
体长:最长可达14厘米

五彩斑斓的鸟

雄性的丽彩鹀是唯一头部呈蓝色、腹部为鲜红色的鸟类。它身上美丽的颜色有助于吸引配偶。雌丽彩鹀的身体呈绿色,当它待在巢中时,身上的绿色有隐蔽作用。丽彩鹀的嘴结实有力,能击碎种子,并去掉外壳。

匙形嘴巴

粉红琵鹭的喙像汤匙一样。它会用它的喙在大沼泽地浑浊的水中搜寻食物。这种鸟以小鱼、虾和昆虫为食。寻觅食物时,它的嘴半张着,左右摆动,碰到猎物后,就迅速闭合。

西印度海牛
(Trichechus manatus)
体长:最长可达4.5米

中美洲

中美洲和加勒比海的岛屿上分布着各类的野生动物，可见那儿有多种不同的动物栖息地。从沿海地区的红树林沼泽地，到内陆的草原和雨林，该地区的地理环境变化多端。同时，该地区全年气候温暖，但夏秋两季会出现猛烈的风暴和飓风。

在史前时期，中美洲形成北美洲和南美洲之间重要的陆上桥梁，动物可由此南来北往。虽然加勒比海各岛靠近中美洲，但由于大海的阻隔，许多动物无法抵达这里。在中美洲岛屿上有一些稀有动物，例如古巴鼩。

空中特技演员

蜜熊大部分时间都待在树梢上用尾巴缠绕着树枝，蜜熊喜欢甜食，不但从花朵中吃花蜜，还舔食蜂巢中的蜂蜜。

牙买加岛上的高原地区草木繁茂。

吸血者

吸血蝠会吸食牛等大型哺乳动物的鲜血。它的前排牙齿十分锋利。它先用牙齿刺破受害者的皮肤，然后再舔食从伤口渗出的鲜血。这种蝙蝠吸的血液不多，并不会让受害者死亡，但它的唾液却会传染疾病，如狂犬病。

蜜熊（ *Potos flavus* ）
体长：最长可达60厘米
尾长：最长可达60厘米

吸蜜蜂鸟

古巴鼩

加勒比海

牙买加岛

泽氏斑蟾
（ *Atelopus zeteki* ）
体长：最长可达6.3厘米

蜜熊

虎猫

吸血蝠（ *Desmodus rotundus* ）
体长：最长可达9厘米
翼展：最长可达40厘米

金色毒蟾

这种濒临灭绝的蟾蜍只能在巴拿马的热带雨林中被发现。它们居住在溪流和瀑布附近。由于水流的声音非常响亮，所以它们通过冲其他蟾蜍挥舞自己的手脚，而不是叫声来保护自己的领地。这种蟾蜍会将自己的卵产在水流附近的岩石上，每只蝌蚪的肚子上都有一个吸盘，以防止自己被冲走。

最小的鸟

吸蜜蜂鸟生活在古巴，是世界上最小的鸟。它拍动双翅的速度为每秒30~80次，比人类用肉眼能看到的还快，它还会像蜜蜂一样发出嗡嗡的声音。它以花蜜为食，但由于飞行速度快，能量也消耗得很快。

洪都拉斯湾

凤尾绿咬鹃

中美洲

吸血蝠

马那瓜湖

尼加拉瓜湖

粗鳞矛头蝮

吸蜜蜂鸟
（ *Mellisuga helenae* ）
体长：最长可达6厘米

长棘颚蚁

金色圣甲虫

泽氏斑蟾

太平洋

巴拿马湾

致命的蛇

粗鳞矛头蝮是地球上攻击性最强的一种蛇，它的进攻速度快，而且它会将毒性极强的毒液注入猎物体内。它皮肤上的花纹与森林地面上的落叶十分相似，几乎难以分辨。

粗鳞矛头蝮
（ *Bothrops asper* ）
体长：最长可达2.5米

长棘鄂蚁
（ *Acanthognathus teledectus* ）
体长：最长可达3毫米

大颚蚂蚁

长棘颚蚁的双颚非常巨大，专门用来捕猎或搬运东西。图中的蚂蚁正在搬运一个蛹，而蛹里的幼蚁正慢慢发育为成蚁。

花斑虎猫

漂亮的虎猫已经非常稀少，每只虎猫毛皮上的花纹都不相同。虎猫是攀爬和游泳的好手。它夜间外出捕食鸟、蛇和小型哺乳动物。

稀有的动物

古巴鼩是一种稀有动物，只有在古巴岛上才有。它和刺猬有血缘关系。古巴鼩正面临着绝种的危机，因为它繁殖得很慢，还受到新物种的威胁，而这些动物是由人类引进古巴的。

群岛

虎猫
（ Leopardus pardalis ）
体长：最长可达1.3米
尾长：最长可达40厘米

海地岛

波多黎各岛

古巴鼩
（ Atopogale culand ）
体长：最长可达55厘米
尾长：最长可达25厘米

神圣的鸟

中美洲的古代民族，曾把色彩艳丽的凤尾绿咬鹃当作空中之神崇拜，并用雄鸟尾部的长羽毛举行宗教仪式。雄鸟尾部的羽毛在繁殖期后都会脱落，第二年会再长出新的羽毛。

凤尾绿咬鹃
（ Pharomachrus mocinno ）
体长：最长可达40厘米
尾长：最长可达60厘米

最吵闹的动物

雄性红吼猴是世界上最吵闹的陆上动物。它们会对同类竞争者大吼大叫，警告它们不要踏入自己的领土。红吼猴的喉囊很大，可以发出很大的吼声，远在千米之外都能听到。

红吼猴
（ Alouatta arctoidea ）
体长：最长可达65厘米
尾长：最长可达68厘米

瓜德罗普岛

金色圣甲虫
（ Chrysina resplendens ）
体长：最长可达3.6厘米

发亮的翅膀

金色圣甲虫翅鞘上的金属光泽有伪装作用。翅鞘能反射光线，使敌人无法看清楚金色圣甲虫的轮廓。

马提尼克岛

巴巴多斯岛

圣文森亚马逊鹦鹉

美洲红鹮

特立尼达岛

许多岛屿是由海底的火山形成的，而且目前此地区仍有活火山。

红吼猴

圣文森亚马逊鹦鹉
（ Amazona guildingii ）
体长：最长可达46厘米
翼展：约63厘米

敏捷的脚

这种鹦鹉只生活在加勒比海的圣文森岛上。它们的脚很特别，两个脚趾朝前，两个朝后。因此它们能牢牢握住树枝，并能把脚当手使用。每只圣文森亚马逊鹦鹉不是右撇子，就是左撇子。

美洲红鹮（ Eudocimus ruber ）
体长：最长可达71厘米
翼展：最长可达1米

弯曲的嘴

美洲红鹮会用弯曲的长喙在软泥中搜寻昆虫、甲壳类动物、蛙和鱼。美洲红鹮过着群居生活。它们常常将巢筑在树上或四面环水的地方，这样就能躲避敌害，减少危险。特立尼达岛即以大群的美洲红鹮在那里筑巢而闻名。

南 美 洲

公里
0 100 200 300

英里
0 100 200

许多加勒比海岛屿上都有漂亮的沙滩，是受人欢迎的避暑胜地。

南美洲　加拉帕戈斯群岛

加拉帕戈斯群岛在南美洲以西约 1000 千米的太平洋上。这里有许多罕见的动物，它们最初是从美洲大陆游泳、飞翔或漂流到此地的。哺乳动物很少能渡海而来，所以岛上以鸟和爬行动物居多，如加拉帕戈斯象龟，而"加拉帕戈斯"即西班牙文"龟"的意思。

英国的博物学家达尔文，曾在 1835 年游历加拉帕戈斯群岛。他发现生活在不同岛屿上的同类动物间存有细微的差异。他由此推断，动物经过许多代之后，会逐渐演化，以适应环境。他将此发现发展成进化论，至今仍有许多人信服他的理论。

无用的翅膀

弱翅鸬鹚的祖先飞到加拉帕戈斯群岛上。但后来，这个物种就丧失了飞行能力，因为在人类到达这些岛屿定居之前，它并不需要躲避任何天敌。它的翅膀只有飞行所需长度的 1/3 长。弱翅鸬鹚靠潜水捕鱼为食。它的羽毛并不防水，所以出水后，它还得张开双翅在太阳下晒干它们。

弱翅鸬鹚
（ Phalacrocorax harrisi ）
体长：最长可达1米

赫诺韦萨岛

平塔岛

马切纳岛

弱翅鸬鹚

沃尔夫火山

加拉帕戈斯群岛是由海底火山喷发的火山熔岩形成的。

达尔文火山

加拉帕戈斯企鹅

费尔南迪纳岛

拉坎布尔火山

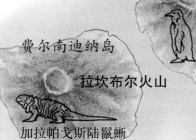

加拉帕戈斯陆鬣蜥

霸王树是能在熔岩地区生长的少数植物之一。

阿尔塞多火山

红石蟹

加拉帕戈斯群岛的小岛上大多没有淡水，因此几乎草木不生。

圣萨尔瓦多岛

太　平　洋

加拉帕戈斯海狮

圣克鲁斯岛

拟鸳树雀

翔鹬

加拉帕戈斯象龟

圣塔非岛

加拉帕戈斯陆鬣蜥
（ Conolophus subcristatus ）
体长：最长可达1.2米

圣托马斯火山

伊 莎 贝 拉 岛

加拉帕戈斯海鬣蜥

公里
0　5　10　15　20

0　　5　　10　　15
英里

好战的雄蜥

在交配期，雄性陆鬣蜥会保卫自己的领土，不让其他雄蜥侵入。若有对手靠近，它就会像行礼似的摆动自己的脑袋，警告来者走开。如果不见效，就可能发生打斗。加拉帕戈斯陆鬣蜥会用尖利的牙齿相互撕咬，但它们很少打得你死我活，弱小的雄蜥如果发觉无法取胜，通常会主动退出战斗。

无所畏惧地横行

加拉帕戈斯群岛多石的海滩上有大量的红石蟹。红石蟹身上有保护作用的硬壳，在成长过程中，它的壳一次又一次脱落，然后再长出更大的壳来。红石蟹通常侧身而行，它的前脚长着一对螯，专门用来抓取食物。

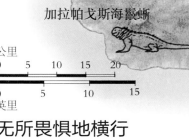

红石蟹
（ Grapsus grapsus ）
壳宽：最宽可达8厘米

海中巨蜥

加拉帕戈斯海鬣蜥是世界上唯一能在海里游泳并同时觅食的蜥蜴。它的口鼻很短，能咬断长在海中岩石上的海草。它的爪子强壮有力，能牢牢地抓住光滑的岩石。

加拉帕戈斯海鬣蜥
（ *Amblyrhynchus cristatus* ）
体长：最长可达1.3米

会用工具的鸟

拟䴕树雀十分特别，因为它会用工具帮助自己觅食。这种鸟以昆虫的蛆和蛴螬为食，而蛆及蛴螬生活在树皮下或树干中。因此它就用小树枝或仙人掌的刺将它们挖出来。拟䴕树雀甚至能将小树枝折成合适的长度，自己制造工具。

拟䴕树雀
（ *Geospiza pallida* ）
体长：最长可达15厘米

蓝脚鲣鸟
（ *Sula nebouxii* ）
体长：最长可达84厘米
翼展：最长可达1.7米

空中强盗

丽色军舰鸟的名字是根据过去海盗常使用的一种称为"军舰"的船命名的。军舰鸟看到其他鸟类携带着食物时，会紧追不舍，迫使对方将食物丢下。然后它就俯冲下去，在半空中将抢来的食物叼住。求偶时，雄丽色军舰鸟会鼓起它那红色的喉囊，以此吸引雌鸟。

丽色军舰鸟
（ *Fregata magnificens* ）
长：最长可达1.1米
展：最长可达2.4米

毛皮外衣

加拉帕戈斯海狮有厚厚的毛皮，外层是有保护性的长鬃毛，里层是柔软的绒毛。这种海狮过去几乎被人捕杀殆尽，因为它的毛皮是制作皮衣的好材料。现在，它们仍旧是濒临灭绝的物种。

蓝色的脚

蓝脚鲣鸟求偶时，双脚会抬起又放下，跳起滑稽的舞蹈。"鲣鸟"的英文名称来自西班牙语的"小丑"。蓝脚鲣鸟以食鱼为生，它能用锯齿状的长嘴在水中捕鱼。它常常从高空中俯冲到海里捕鱼。

加拉帕戈斯海狮
（ *Arctocephalus glapagoensis* ）
体长：最长可达1.6米

圣克里斯托瓦尔岛

独一无二的企鹅

大多数企鹅都生活在南半球，加拉帕戈斯企鹅是唯一出现在赤道地区的企鹅。它能在加拉帕戈斯群岛生存，是因为有一股水流挟带南极的冰冷海水流经这里。

捕食苍蝇的鸟

翔鹟常常停在象龟的背上，这样它就能迅速捉住被象龟脚惊动飞起的苍蝇。雄鸟长着鲜红色的羽毛，为了吸引配偶，它会在雌鸟的头顶上飞来飞去，向对方炫耀自己的羽毛。

翔鹟
（ *Pyrocephalus nanus* ）
体长：15厘米

加拉帕戈斯企鹅
（ *Spheniscus mendiculus* ）
体长：最长可达53厘米

超级外壳

在加拉帕戈斯群岛上有好几种不同的加拉帕戈斯象龟，它们分别生活在不同的岛屿上。为了适应它们的栖息地和食物，每种象龟都长出形状各异的龟壳。象龟能在岛上生存，是因为它们能长时间不吃不喝，并能在凹凸不平的地上行动自如。象龟的寿命可达100年以上。

蓝脚鲣鸟

西班牙岛

加拉帕戈斯象龟
（ *Chelonoidis nigra* ）
壳长：最长可达1.9米

安第斯山脉

安第斯山脉是世界上最长的山脉，坐落在南美洲西侧，从北部的加勒比海一直延伸到南部的合恩角。安第斯山脉是地球上最年轻的山脉之一，其中有许多火山，有些还是活火山。在安第斯山脉顶峰下散布着高原和湖泊。山脉的东侧，高原缓缓下斜，连接着南美草原和亚马孙河流域的雨林。

生活在这些山地中的动物，必须设法适应高纬度的稀薄空气。有些动物已具备超大型的心脏和肺脏，以帮助它们从空气中吸取足够的氧气。安第斯山脉夜间的气温低达零下 10 摄氏度左右，所以，骆马和羊驼等动物都有非常厚的毛皮，用以抵御酷寒。

巨大的翅膀

安第斯神鹫是地球上最大的飞鸟之一。它的翅膀硕大，能直上云霄，做长距离飞行。安第斯神鹫以动物的尸体为食。它的头和颈部光秃无毛，所以它的头能够伸入腐尸，而不会弄脏身上的羽毛。

安第斯神鹫
（ Vultur gryphus ）
翼展：最长可达3米

吹口哨示警

骆马大多以小家庭为单位一起生活，由成年雄骆马严加保卫着。雄骆马若发现有危险状况出现，它会吹起响亮的口哨示警，让雌骆马和幼骆马赶快逃走。瘦骆马的长距离奔跑速度可高达每小时47千米。

会挖洞的鸟

暗脸地霸鹟在地下挖的洞很长，洞的尽头有一间筑巢室。这种鸟用嘴作尖锄挖洞，并用锋利的爪子清土。暗脸地霸鹟的腿很长，在山坡上跑起来飞快，且边跑边从地上捕食昆虫。

南普度鹿
（ Pudu puda ）
体长：最长可达84厘米

暗脸地霸鹟
（ Muscisaxicola maclovianus ）
体长：最长可达16.5厘米
翼展：约21厘米

骆马
（ Vicugna vicugna ）
肩高：最高可达1米
体长：最长可达2.2米

达尔文蛙
（ Rhinoderma darwinii ）
体长：最长可达3厘米

最小的鹿

南普度鹿是美洲大陆体形最小的鹿，仅有40厘米高。南普度鹿生活在偏僻的山区低地，容易受到惊吓，因此难以观察，无法完全了解它的生活习性。它习惯独自生活，以树叶、嫩芽和水果为食。

在声囊里长大的青蛙

雄性达尔文蛙将它的蝌蚪放在声囊中，这样可使它们免遭天敌伤害。蝌蚪待在雄蛙的声囊中时，它们只能发出微弱的叫声。50~70天后，当蝌蚪变成小青蛙，雄蛙就将它们吐出。在抚育幼蛙的过程中，雌蛙没有帮上任何忙。

灵巧的鼻子

山貘生活在山林中。它的口鼻和上唇紧连在一起，形成一截短短的如象鼻般的鼻子。这截鼻子还可以作为另一只手，从树枝上扯下树叶。山貘是其他许多动物（包括美洲豹）捕食的对象，因此它必须时时保持警戒，以防危险。

山貘
（ Tapirus pinchaque ）
体长：约2米

最大的蜂鸟

安第斯巨蜂鸟是世界上最大的蜂鸟。在山中寒冷的夜晚，它的体温只比0摄氏度稍高。这有助于巨蜂鸟节省能量，以便其他时候，它用这些能量来保暖。

巨蜂鸟（ *Patagona gigas* ）
体长：最长可达22厘米

会打洞的嘴

安第斯扑翅鴷是一种啄木鸟。它用强有力的嘴，在植物上凿洞作巢。这种扑翅鴷的脚趾两个朝前，两个朝后，特别适宜爬树。它的爪子弯曲，能牢牢抓住东西。

毛茸茸的外衣

毛丝鼠生活在安第斯山脉的高处，毛丝鼠住在岩石间的洞穴和裂缝中。它身上有着厚软的毛皮，以此抵御寒冷。为了用它的毛皮来制作大衣和夹克，人们捕杀了大量的毛丝鼠。现在它已成了稀有动物。

安第斯扑翅鴷（ *Colaptes rupicola* ）
体长：最长可达32厘米

毛丝鼠（ *Chinchilla lanigera* ）
体长：最长可达41厘米
尾长：最长可达15厘米

多变的眼镜

眼镜熊的眼睛周围有白色的圈圈，看上去就像戴着眼镜一样。这些白圈圈差异很大，因此每只熊的"眼镜"形状也大不相同。眼镜熊是攀爬能手，夜晚睡在树上它用树枝建造的简陋的巢穴中。

眼镜熊（ *Tremarctos ornatus* ）
肩高：最高可达75厘米
体长：最长可达1.8米

瀑布下的鸭子

安第斯山有许多瀑布和急流，湍鸭就在这些湍急的溪水中觅食。它用锐利的爪子牢牢抓住湿滑的大鹅卵石，并用它那坚挺的尾巴做舵，在急流中控制方向。它的身体呈流线型，当它潜入水中觅食时，这一点有助于它在水里游动。

羊驼
（ *Vicugna pacos* ）
肩高：最高可达1.2米

毛发蓬松的"骆驼"

羊驼与骆驼有血缘关系。它身上有蓬松的绒毛，长得几乎要垂到地上。人们像养羊那样饲养羊驼，剪它的驼毛制作服装，从一只羊驼身上可剪下约3千克的驼毛。

湍鸭（ *Merganetta armata* ）
体长：最长可达46厘米

南　美　洲

山貘

安第斯神鹫

安

第

斯

暗脸地霸鹟

眼镜熊

亚马孙河

亚马孙河流域

安第斯山脉有50座山峰高达6000米

的的喀喀湖

许多种类的鸟和动物住在的的喀喀湖周围的灯芯草中，并且在湖中觅食。

安第斯扑翅鴷

山

脉

太

平

洋

骆马

羊驼

毛丝鼠

巨蜂鸟

湍鸭

萨拉多河

巴拉那河

南美草原

南普度鹿

科罗拉多河

达尔文蛙

巴塔哥尼亚高原

帕里纳科塔火山是安第斯山脉众多活火山之一。

大　西　洋

马尔维纳斯群岛

火地岛

合恩角

公里
0　　200　400　600

0　　200　　　400
英里

亚马孙雨林

亚马孙雨林是世界上面积最大的热带雨林，约有 7000000 平方千米，相当于法国国土的 12 倍。亚马孙雨林位于辽阔的亚马孙河流域中，这条河横跨南美洲，全长 6480 千米。亚马孙河流域气候全年炎热潮湿。

亚马孙雨林中的动物种类比地球上任何地区都多。许多动物住在树顶上，因为那里有充足的树叶和花果可吃。倭蜘蛛猴等动物长有能缠绕树枝的尾巴和长长的爪子，可以在树枝间荡来荡去。鹦鹉等鸟类则有短而宽的翅膀，能够在树林间飞行。在地面上，许多动物用长鼻子和能挖土的利爪觅食。因为进行农耕和采矿，目前这里的雨林已有一大部分遭到砍伐，许多动物的生存也因此受到威胁。

闪耀夺目的翅膀

雄性尖翅蓝闪蝶的色彩艳丽，因为它翅膀上的小鳞片会反光。当尖翅蓝闪蝶挥动双翅时，翅膀的色彩也随之变化。由于许多尖翅蓝闪蝶被人捉来制作首饰或装饰品，使它们面临了绝种的危险。

红嘴巨嘴鸟
（ Ramphastos tucanus ）
体长：最长可达58厘米

尖翅蓝闪蝶
（ Morpho rhetenor ）
翅展：最长可达17厘米

巨大的嘴

红嘴巨嘴鸟的嘴看上去很大，但并不重。嘴的上下两部分都是空的，里面只有用来支撑的细骨架。有了这种长嘴，即使树枝太细无法承受它的体重，它也能吃到枝上的水果。

眼镜凯门鳄
（ Caiman crocodilus ）
体长：最长可达2.4米

水下暗藏杀机

眼镜凯门鳄是鳄鱼的一种。它潜伏在水下，只露出鼻子和眼睛。当有动物口渴前来饮水时，眼镜凯门鳄就用锋利的牙齿猛咬住它，将它拖入水中淹死。

麝雉
（ Opisthocomus hoatzin ）
体长：最长可达70厘米

软弱无力的翅膀

麝雉用于飞行的肌肉非常软弱无力，飞过100米左右后，它就得赶快着陆，休息一会儿。它在攀爬树木时，会用翅膀和尾巴做辅助支撑。年幼的小麝雉则用长在翅膀上的小翼爪（即前肢）帮助它们攀爬。

特技表演

倭蜘蛛猴是令人拍案叫绝的特技高手。它把尾巴当作另外一只手或脚，在树林中一跳可达10米以上。人们称这种尾巴为"卷尾"。它尾巴下有一块隆起的皮肤，使它的尾巴能牢牢地缠住树枝。

倭蜘蛛猴
（ Ateles chamek ）
体长：最长可达60厘米
尾长：最长可达90厘米

美洲豹（ Panthera onca ）
肩高：71厘米
体长：最长可达1.7米

花斑大猫

美洲豹是南美洲最大的猫科动物。与豹不同的是，它身上每个斑环里都有黑色的斑点。它身上的花斑在森林中起到伪装作用，使它能悄悄靠近猎物而不被发现。

在雨林最高处，每年降雨量为305厘米。

勒比加
马拉开波湖
巴拿马湾
安第斯山

哈佩雕
褐喉树懒

太平洋

南

金刚鹦鹉
山

脉

致命的拥抱

翡翠树蚺无毒，它能用它那强有力的肌肉将猎物捆勒致死。翡翠树蚺在枝叶中伪装得极好。它鲜绿色的皮肤可以躲过哈佩雕等天敌的注意，并能先靠近猎物，然后再攻击对方。

翡翠树蚺
（ Corallus caninus ）
体长：最长可达2.7米

能打开坚果的嘴巴

金刚鹦鹉是南美体形最大的鹦鹉之一。它那结实的钩形嘴喙边缘如剪刀一般锋利，形状就像能打碎坚果壳的大钳子一样。它的嘴非常有力，能打开巴西栗的硬壳。金刚鹦鹉常常把一只脚当作"手"，将食物送到嘴里去。

金刚鹦鹉（ Ara macao ）
体长：最长可达89厘米

食人鱼
（ Pyqocentrus ）
体长：最长可达50厘米

锋利的牙齿

食人鱼有强劲的双颚和锋利的牙齿。它们一般以大型动物的尸体为食，但也可以杀死小猎物。

哈佩雕
（ Harpia harpyja ）
体长：最长可达1米

最大的鹰

哈佩雕是世界上最大、最凶悍的鹰之一。它穿过树梢追逐猴子和其他动物时，飞行速度可高达每小时80千米。它的脚爪约和人的手掌一样大，上面长着弯曲的利爪。动物一旦被哈佩雕的爪子抓住，可就难逃厄运了。

金喉红顶蜂鸟
（ Chrysolampis mosquitus ）
体长：最长可达9.5厘米

能悬飞的活珠宝

金喉红顶蜂鸟用它那长嘴寻找花蜜时，能悬在林中花朵的前方飞舞。它的翅膀每秒钟可拍击80次之多。它可以悬飞在一个地方，甚至还能倒飞。它不需要进行伪装，因为它能以每小时高达65千米的速度迅速飞离。

大犰狳
（ Priodontes maximus ）
体长：最长可达1米

最大的爪子

大犰狳的体形和绵羊差不多大。一到晚上，它就用它那弯曲的巨爪，在森林里的地上挖掘蠕虫、蚂蚁、白蚁和蛇。它前脚上的爪子是所有动物中最大的。

褐喉树懒
（ Brabypus variegatus ）
体长：最长可达59.5厘米

倒挂生活

褐喉树懒用它那钩子般的长爪倒挂在树枝上。它在同一棵树上可能待上若干年。它的毛皮从腹部长到后背，因此便于雨水滴落。雨季时，树懒的身体会变成绿色，因为此时它的毛皮上长满了微小的绿色水藻。

海

奥里诺科河

麝雉

尖翅蓝闪蝶

美洲豹

倭蜘蛛猴

内格罗河

眼镜凯门鳄

茹鲁

金喉红顶蜂鸟

美

洲

翡翠树蚺

大犰狳

亚马孙河口

亚马孙河

红嘴巨嘴鸟

食人鱼

大

西

洋

亚马孙河有1000多条支流。

公里
0   200   400   600

0   200   400
英里

巴
西
高
地

亚马孙雨林中有10万多种植物。

的喀喀湖

25

南美草原

南美草原（即潘帕斯草原）辽阔无际，面积将近760000平方千米。草原的气候干燥，虽然草长得很茂盛，但树木和较大的植物却只能沿河岸生长。草原上还有高2米的白蚁冢点缀其间。

南美草原的许多动物（如犰狳）都住在地下洞穴中。这可使它们免遭大火之害，因为在干燥的草原上，经常会发生火灾。现如今，有一大部分草原已被农民开辟为牧场，因此许多野生动物必须与更多的动物争食，有些动物的数量因此已经开始下降了。

短跑能手

大美洲鸵是一种不会飞的鸟。它的奔跑速度可高达每小时50千米以上。雄鸵会抚育幼鸵，并保护巢穴。它会攻击靠它太近的任何东西，甚至包括人和小型飞机。

大美洲鸵
（*Rhea americana*）
身高：最高可达1.5米
体长：最长可达1.4米

跳远能手

巴塔哥尼亚豚鼠的后腿很长。遇到危险时，它可以靠后腿弹跳着逃开。它一跳可达2米远。虽然巴塔哥尼亚豚鼠看起来颇像野兔，但它实际上却与天竺鼠有血缘关系。巴塔哥尼亚豚鼠一般成对生活，但有时使用其他动物的洞穴用于繁殖。

巴塔哥尼亚豚鼠
（*Patagonum*）
体长：最长可达84厘米

会造"火炉"的鸟

棕灶鸟因其巢穴貌似圆形土灶而得名。一只雌棕灶鸟筑巢所需的泥块可达2500块。

稀有的草原鹿

南美草原鹿是草原上少数几种大型草食性动物之一。由于放牧牛群的竞争导致了食物匮乏，再加上捕猎，它们现在已所剩无几。雄鹿蹄上有一种腺体，发出的气味在1.5千米外都能闻到。

棕灶鸟
（*Furnarius rufus*）
体长：最长可达23厘米

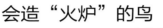

倭犰狳
（*Chlamyphorus truncatus*）
体长：最长可达18.5厘米

横行霸道的鸟

南美凤头卡拉鹰是一种掠食性的鸟类。它以昆虫和其他小动物为食，但也喜欢吃动物的腐肉。南美凤头卡拉鹰有时会啄咬并欺侮秃鹫，不逼它吐出一些刚刚吃下去的腐肉，是不会罢休的。

铁铠甲

倭犰狳的背上长有保护性的盔甲，这副盔甲由覆盖着角质鳞片的骨板所组成。它用前脚上的大爪子挖土。由于倭犰狳长时间待在地下，所以它的眼睛细小、视力很差。

兔鼠（*Lagostomus maximus*）
体长：最长可达66厘米
尾长：最长可达20厘米

南美凤头卡拉鹰（*Caracara plancus*）
体长：最长可达64厘米
翼长：最长可达1.3米

地下城

兔鼠是啮齿动物，能在草原下挖出庞大的隧道网络。兔鼠多代同堂，一起住在一个洞里。其他动物，如兔豚鼠和穴鸮，也常常住在兔鼠的洞穴中。兔鼠主要用前脚挖土，用鼻子将土拨到一边。它能关闭鼻孔，以免吸入土灰。

南美草原鹿
（*Ozotoceros bezoarticus*）
肩高：最高可达70厘米

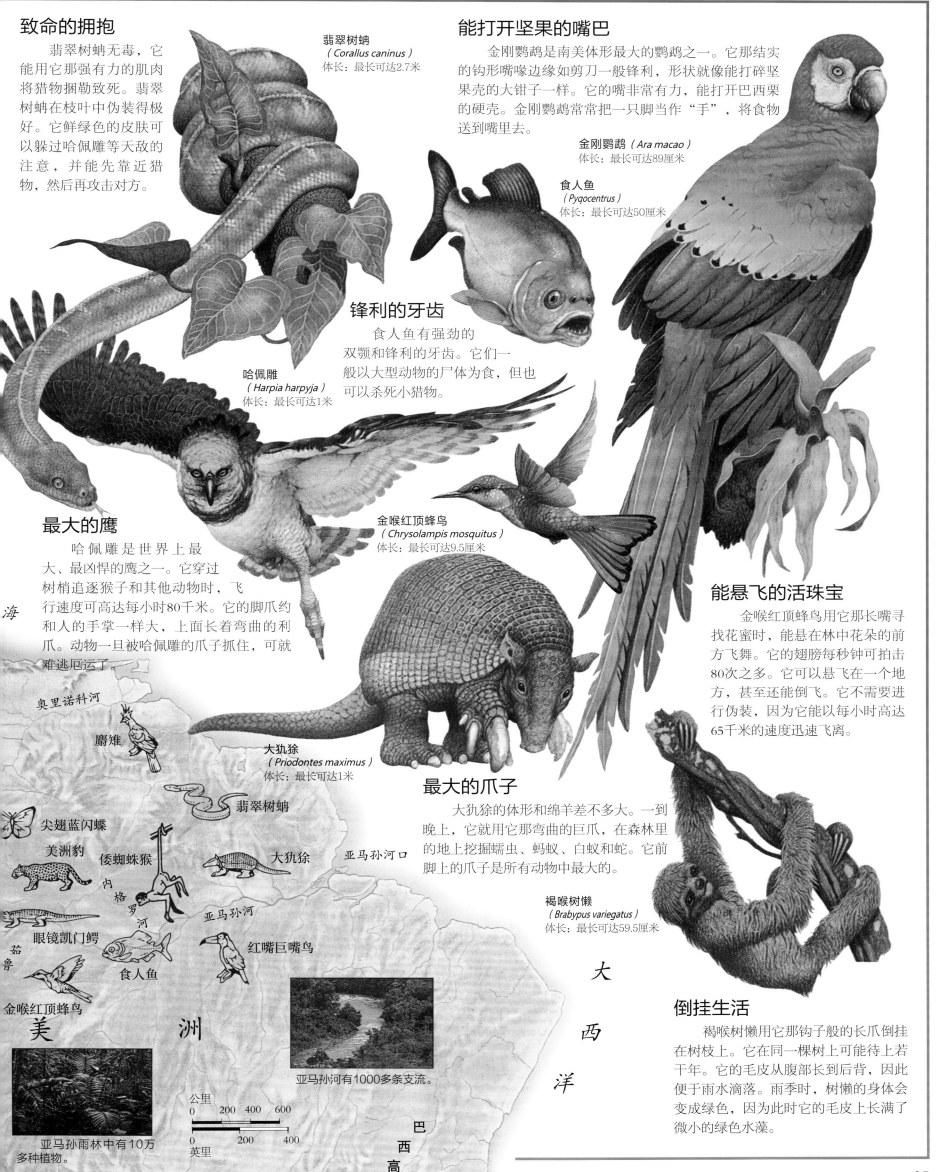

致命的拥抱

翡翠树蚺无毒，它能用它那强有力的肌肉将猎物捆勒致死。翡翠树蚺在枝叶中伪装得极好。它鲜绿色的皮肤可以躲过哈佩雕等天敌的注意，并能先靠近猎物，然后再攻击对方。

翡翠树蚺
（ *Corallus caninus* ）
体长：最长可达2.7米

能打开坚果的嘴巴

金刚鹦鹉是南美体形最大的鹦鹉之一。它那结实的钩形嘴喙边缘如剪刀一般锋利，形状就像能打碎坚果壳的大钳子一样。它的嘴非常有力，能打开巴西栗的硬壳。金刚鹦鹉常常把一只脚当作"手"，将食物送到嘴里去。

金刚鹦鹉（ *Ara macao* ）
体长：最长可达89厘米

食人鱼
（ *Pyqocentrus* ）
体长：最长可达50厘米

锋利的牙齿

食人鱼有强劲的双颚和锋利的牙齿。它们一般以大型动物的尸体为食，但也可以杀死小猎物。

哈佩雕
（ *Harpia harpyja* ）
体长：最长可达1米

最大的鹰

哈佩雕是世界上最大、最凶悍的鹰之一。它穿过树梢追逐猴子和其他动物时，飞行速度可高达每小时80千米。它的脚爪约和人的手掌一样大，上面长着弯曲的利爪。动物一旦被哈佩雕的爪子抓住，可就难逃厄运了。

金喉红顶蜂鸟
（ *Chrysolampis mosquitus* ）
体长：最长可达9.5厘米

能悬飞的活珠宝

金喉红顶蜂鸟用它那长嘴寻找花蜜时，能悬在林中花朵的前方飞舞。它的翅膀每秒钟可拍击80次之多。它可以悬飞在一个地方，甚至还能倒飞。它不需要进行伪装，因为它能以每小时高达65千米的速度迅速飞离。

大犰狳
（ *Priodontes maximus* ）
体长：最长可达1米

最大的爪子

大犰狳的体形和绵羊差不多大。一到晚上，它就用它那弯曲的巨爪，在森林里的地上挖掘蠕虫、蚂蚁、白蚁和蛇。它前脚上的爪子是所有动物中最大的。

褐喉树懒
（ *Brabypus variegatus* ）
体长：最长可达59.5厘米

倒挂生活

褐喉树懒用它那钩子般的长爪倒挂在树枝上。它在同一棵树上可能待上若干年。它的毛皮从腹部长到后背，因此便于雨水滴落。雨季时，树懒的身体会变成绿色，因为此时它的毛皮上长满了微小的绿色水藻。

海

美 洲

奥里诺科河
麝雉
尖翅蓝闪蝶
美洲豹
倭蜘蛛猴
内格罗河
眼镜凯门鳄
茹鲁
金喉红顶蜂鸟
翡翠树蚺
大犰狳
亚马孙河口
亚马孙河
红嘴巨嘴鸟
食人鱼

亚马孙河有1000多条支流。

公里
0 200 400 600
0 200 400
英里

亚马孙雨林中有10万多种植物。

大 西 洋

巴 西 高 地

的喀喀湖

南美草原

南美草原（即潘帕斯草原）辽阔无际，面积将近760000平方千米。草原的气候干燥，虽然草长得很茂盛，但树木和较大的植物却只能沿河岸生长。草原上还有高2米的白蚁冢点缀其间。

南美草原的许多动物（如犰狳）都住在地下洞穴中。这可使它们免遭大火之害，因为在干燥的草原上，经常会发生火灾。现如今，有一大部分草原已被农民开辟为牧场，因此许多野生动物必须与更多的动物争食，有些动物的数量因此已经开始下降了。

短跑能手

大美洲鸵是一种不会飞的鸟。它的奔跑速度可高达每小时50千米以上。雄鸵会抚育幼鸵，并保护巢穴。它会攻击靠它太近的任何东西，甚至包括人和小型飞机。

大美洲鸵
（*Rhea americana*）
身高：最高可达1.5米
体长：最长可达1.4米

跳远能手

巴塔哥尼亚豚鼠的后腿很长。遇到危险时，它可以靠后腿弹跳着逃开。它一跳可达2米远。虽然巴塔哥尼亚豚鼠看起来颇像野兔，但它实际上却与天竺鼠有血缘关系。巴塔哥尼亚豚鼠一般成对生活，但有时使用其他动物的洞穴用于繁殖。

巴塔哥尼亚豚鼠
（*Patagonum*）
体长：最长可达84厘米

会造"火炉"的鸟

棕灶鸟因其巢穴貌似圆形土灶而得名。一只雌棕灶鸟筑巢所需的泥块可达2500块。

稀有的草原鹿

南美草原鹿是草原上少数几种大型草食性动物之一。由于放牧牛群的竞争导致了食物匮乏，再加上捕猎，它们现在已所剩无几。雄鹿蹄上有一种腺体，发出的气味在1.5千米外都能闻到。

棕灶鸟
（*Furnarius rufus*）
体长：最长可达23厘米

倭犰狳
（*Chlamyphorus truncatus*）
体长：最长可达18.5厘米

铁铠甲

倭犰狳的背上长有保护性的盔甲，这副盔甲由覆盖着角质鳞片的骨板所组成。它用前脚上的大爪子挖土。由于倭犰狳长时间待在地下，所以它的眼睛细小、视力很差。

横行霸道的鸟

南美凤头卡拉鹰是一种掠食性的鸟类。它以昆虫和其他小动物为食，但也喜欢吃动物的腐肉。南美凤头卡拉鹰有时会啄咬并欺侮秃鹫，不逼它吐出一些刚刚吃下去的腐肉，是不会罢休的。

兔鼠（*Lagostomus maximus*）
体长：最长可达66厘米
尾长：最长可达20厘米

南美凤头卡拉鹰（*Caracara plancus*）
体长：最长可达64厘米
翼长：最长可达1.3米

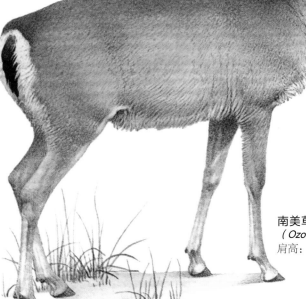

南美草原鹿
（*Ozotoceros bezoarticus*）
肩高：最高可达70厘米

地下城

兔鼠是啮齿动物，能在草原下挖出庞大的隧道网络。兔鼠多代同堂，一起住在一个洞里。其他动物，如兔豚鼠和穴鸮，也常常住在兔鼠的洞穴中。兔鼠主要用前脚挖土，用鼻子将土拨到一边。它能关闭鼻孔，以免吸入土灰。

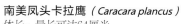

太平洋

安第斯山脉

萨拉多河

南　美　洲

巴拉那河

乌拉圭河

拉普拉塔河

大西洋

内格罗河

南美草原上有些杂草可长到2.5米高。

南美草原上没有树林和灌木，因此许多动物不得不藏身于地下洞穴中。

南美草原有一大片土地现已被农民开垦为肉牛养殖场。

大食蚁兽

鬃狼

倭犰狳

棕灶鸟

兔鼠

巴西豚鼠

大美洲鸵

巴塔哥尼亚豚鼠

南美草原

穴小鸮

凤头鹀

南美凤头卡拉鹰

南美草原鹿

伪装色

在空旷的草原，凤头鹀羽毛上斑驳的花纹，有伪装的作用。凤头鹀的腿强劲有力，它是短距离奔跑的能手，但很快就会疲倦。它不太会飞，常常会撞到迎面的物体上。凤头鹀将蛋产在地面低洼处，蛋的色彩呈鲜绿色。

凤头鹀（*Eudromia elegans*）
体长：最长可达53厘米

长腿狼

鬃狼的腿很长，很适合在南美草原的深草中穿行。当鬃狼受到天敌的威胁时，它会将颈部和肩部的鬃毛竖起来，使自己看起来更强壮、更可怕。它在夜间捕食小型哺乳动物、鸟、爬行动物和昆虫。

鬃狼
（*Chysocyon brachyurus*）
体长：最长可达1.3米
尾长：30厘米

锋利的爪子

巴西豚鼠是被人类当作宠物饲养的天竺鼠的野生祖先。巴西豚鼠的爪子锋利，善于挖洞，但它通常更喜欢住到其他动物挖掘的洞穴，或者干脆就在石头下栖身。巴西豚鼠通常结小群生活在一起，但在合适的地方，它们也可能数百只住在一起。

穴小鸮
（*Athene cunicularia*）
体长：最长可达26厘米

大食蚁兽
（*Myrmecophaga tridactyla*）
体长：最长可达1.2米
尾长：最长可达90厘米

巴西豚鼠（*Cavia aperea*）
体长：最长可达40厘米

了不起的舌头

大食蚁兽以蚂蚁和白蚁为食，它用它那又长又黏的舌头将猎物舔到嘴里。大食蚁兽每小时必须寻觅40个白蚁家，这样才能保证食物的供给充足。它会用巨爪将白蚁家劈开。大食蚁兽睡在野外，用它身上毛茸茸的尾巴当毯子盖在身上。

白天出没的猫头鹰

穴小鸮与多数猫头鹰不同，它只在白天出来觅食。它会蹲在兔鼠挖出的土堆上，观察草丛中是否有昆虫或其他小动物出没。它的腿很长，能飞快地跑过去，捉住猎物。穴小鸮住在地下洞穴中。

欧洲 针叶林

在欧洲北部有一条茂密的常绿森林带，覆盖着苏格兰和斯堪的纳维亚这一大片地区。

往南还有面积较小的常绿森林，如德国的黑森林和比利时的亚尔丁森林。这些森林以针叶树（会结球果的树）居多，如松树、云杉等，因此林中地面上经常有一层厚厚的针叶。近年来，对针叶树危害极大的酸雨破坏了欧洲许多针叶林。

生活在这些森林中的动物必须设法在严酷的气候中生存。虽然冬季十分寒冷，但是幸好针叶林大都终年不落叶，在天气最恶劣时能为动物提供避难所。森林中有一些动物，如白鼬，到冬季时会长出白毛，以便在雪中伪装。还有一些动物，如普通长耳蝠和红褐林蚁，一到冬季就冬眠，以躲避最酷寒的天气。而有些鸟类，像鹗，到了冬季则飞往南部气候温暖的国家。

捕鱼专家

鹗，又称鱼鹰。从湖中攫取鱼类为食。它的爪子又长又锐利，脚趾上则长着角质的刺，因此能牢牢抓住光滑的鱼。成年的鹗一次可抓住重达2千克的鱼。秋季时，鹗会迁往非洲，因为那里气候温暖，并有足够的鱼作为食物。

鹗（ Pandion haliaetus ）
体长：最长可达64厘米
翼展：最长可达1.7米

长耳鸮
（ Asio otus ）
体长：最长可达40厘米
翼展：最长可达1米

长耳朵

普通长耳蝠的大耳朵占它体长的3/4。由于耳朵很大，幼小的蝙蝠在能飞之前，都无法将耳朵竖直。普通长耳蝠以蛾、小虫和苍蝇为食，它常常飞扑而下，攫取停在植物上的猎物。在寒冷的冬季，普通长耳蝠通常在洞中冬眠。

普通长耳蝠
（ Plecotus auritus ）
体长：最长可达5厘米
翼展：最长可达28厘米

野猫（ Felis silvestris ）
体长：最长可达75厘米
尾长：最长可达37厘米

地下的巢穴

森林里，红褐林蚁在地面上用松树叶和其他植物的枝叶来建造巨大的巢穴。冬季，当红褐林蚁在蚁冢下面的土中冬眠时，巢穴可为它们挡风御寒。如果红褐林蚁受到威胁，它会从腹部的腺体中喷射一种称为蚁酸的液体刺痛敌人。我们用肉眼能看见，也能闻到这种化学物质。红褐林蚁吃其他所有种类的昆虫，它还能爬到树上去觅食。

红褐林蚁
（ Formica rufa ）
体长：最长可达0.9厘米

红交嘴雀
（ Loxia curvirostra ）
体长：最长可达20厘米

假耳朵

长耳鸮的"耳朵"只不过是几撮羽毛而已。它真正的耳孔位于头部两侧。长耳鸮在夜间捕食，它眼光锐利，听觉良好，能发现森林地面上的小型哺乳动物。

上下交错的嘴喙

红交嘴雀用它那结实、上下交错的嘴喙打开松果。然后再用长有角质的舌头舔出里面的种子。成年的红交嘴雀会将经过部分消化的种子反刍出来，喂养幼雀。每隔几年，红交嘴雀就离开自己平时的繁殖区，成群结队飞往欧洲其他地区。如果条件适合，它们就可能在新地区定居一季或数季。

有条纹的尾巴

野猫是家猫的近亲，但它的体形稍大，尾巴较厚，上面还有黑色的环状条纹。野猫在夜间捕食小型哺乳动物、鸟和昆虫。它在捕食时以森林作为掩护。

以角相斗

每逢秋季繁殖期（又称为发情期），雄性马鹿为了和雌鹿交配，会用鹿角与竞争者进行搏斗。雄鹿的角每年春季脱换一次，到下一个繁殖期时又能及时长出新的来。在发情期，雄鹿一面要嚎叫示威，与其他雄鹿搏斗，一面又要将雌鹿赶拢成群，忙得不得了。

马鹿（ *Cervus elaphus* ）
肩高：最高可达1.7米
体长：最长可达2.2米

以气味自保

每当林鼬受到威胁时，它会从尾巴下面的腺体中分泌一种难闻的挥发性液体。林鼬也会用这种特殊的气味暗示它的领地范围，警告闻到气味的其他林鼬走开。林鼬不冬眠，常年以捕猎小型哺乳动物为食。

林鼬（ *Mustela putorius* ）
体长：最长可达51厘米

生吞活吃

雌姬蜂将卵产在紧挨着树蜂幼虫的地方。姬蜂蛆孵出后，就以树蜂的幼虫为食。由于树蜂的幼虫待在树干深处的洞中，雌姬蜂会将长达4厘米的产卵管插入树干中产卵。

姬蜂（ *Rhyssa persuasoria* ）
体长：最长可达4厘米

会飞的特技演员

松貂是个身手不凡、动作灵敏的猎手。松貂在夜间出没，在地面和树干上捕食，追逐猎物时常从一棵树"飞"到另一棵树。它的腿强劲有力，爪掌宽大，爪子很长，十分利于攀爬；而浓密的尾巴则有助于保持身体平衡。松貂吃的食物很杂，从小鸟和鸟蛋，到老鼠、甲虫和野生水果，无所不吃。

松貂（ *Martes martes* ）
体长：最长可达58厘米

松鸡（ *Tetrao urogallus* ）
体长：最长可达1.2米

舞蹈表演

一到春季，雄松鸡为了吸引雌松鸡，会进行一番古怪的表演。它将尾巴展成扇形，脖子伸长，同时发出奇特的咯咯叫声。它甚至会往上腾跳，同时拍动翅膀。表演兴致极高的雄松鸡具有很强的攻击性，它会恫吓打扰它表演的鹿、绵羊，甚至人。

冬季时，森林中寒冷异常，地上积雪长达半年之久。

北欧森林中湖泊众多，动物饮水十分方便。

欧洲许多针叶树是人工种植的，作为木材储备。

斯堪的纳维亚

鵟

松貂

红交嘴雀

奥涅加湖

拉多加湖

长耳鸮

姬蜂

野猫

北 海

松鸡

红褐林蚁

大 不 列 颠 群 岛

林鼬

波罗的海

普通长耳蝙蝠

公里
0 100 200 300 400

英里
0 100 200

英吉利海峡

马鹿

亚尔丁森林

北 欧

奥得河

维斯瓦河

黑森林 多瑙河

林地

欧洲的阔叶林为种类繁多的动物提供了食物和栖息之所。每棵树都维持着各自的生物网：昆虫以树叶为食，鸟类和哺乳动物在树木的枝干筑巢，土鳖和甲虫则生活在林地的落叶中。

由于天气随着季节而变化，动物的行为和生活方式也因此受到影响。在温暖的春季，昆虫开始出来活动，鸟类开始筑巢，幼小的哺乳动物出生。夏季天气炎热，食物充足，小动物发育很快。秋季时，树上的树叶大都掉落，动物以水果和浆果为食，并贮存食物过冬。冬季夜长寒冷，白日短暂，生活艰难。许多动物这时会长出厚毛，大部分时间待在地洞或树洞中。有些鸟类则飞往温暖的地区过冬。

以毛虫为生

在春夏两季，蓝山雀主要以毛虫喂养幼雀。在幼雀待在巢中的日子里，父母会为它准备1万多种食物。到了冬季，蓝山雀会与旋木雀、大山雀和其他小鸟混在一起觅食。

蓝山雀（ Cyanistes caeruleus ）
体长：最长可达12厘米

狗獾（ Meles meles ）
体长：最长可达90厘米
尾长：最长可达20厘米

强壮的挖洞能手

狗獾的前腿强壮，爪子尖而长，能挖出庞大的地洞，人们将这种洞称为獾穴。地洞可长达20米。好几代的獾会在同一个獾穴中住上几百年。獾在挖土时，会闭上耳朵和鼻孔，以防止尘土进入。

普通鸸（ Sitta europaea ）
体长：最长可达17厘米

能打开干果的鸟嘴

普通鸸常常将干果插入树皮，然后用嘴将它敲开。它是唯一能头朝下爬下树的鸟。它在树干上爬上爬下，寻找藏在树皮下的昆虫。

欧洲深山锹甲虫
（ Lucanus cervus ）
体长：最长可达10厘米

像鹿角一样的大颚

雄性欧洲深山锹甲虫有巨大的颚，看上去就像有角一样。它用大颚与对手打斗。雌性欧洲深山锹甲虫将卵产在朽木上，幼虫在发育为成虫前，一直以朽木为食。

黇鹿
（ Dama dama ）
肩高：约1米
体长：最长可达1.7米

超级鼻子

野猪是家猪的祖先。它用它那又长又敏锐的鼻子，在林地地面上搜寻植物的根、球茎、坚果、蘑菇和小动物。小野猪的毛皮上有条纹图案，可使它们不易被发现，免遭天敌之害。

夏天的白斑

夏天时，黇鹿的毛皮上会长出白色的斑点，这可使它在树叶中不易被发觉。冬季时，它的毛皮颜色会变得较深。成年雄鹿用角相互搏斗，以决定谁成为雌鹿的配偶。

野猪
（ Sus scrofa ）
肩高：约1米
体长：最长可达2米

大西洋

北

太 不 列 颠 群 岛

爱尔兰海

蓝山雀

普通鸸

狗獾

伶鼬

英 吉 利 海 峡

欧洲深山锹甲虫

大斑啄木鸟

卢 瓦 尔 河

普通刺猬

野猪

比

利

牛

斯

山

脉

罗讷河

北欧气候温暖潮湿，有许多河流流经林地。

林中特技员

欧亚红松鼠的长尾巴毛茸茸的，这有助于它在树林中跳跃时保持平衡。欧亚红松鼠还会用尾巴向其他松鼠发送信号，轻轻摆尾示警。欧亚红松鼠的后腿又长又壮，爪子呈钩形，可牢牢抓住树皮。欧亚红松鼠下树时通常头朝下。

欧亚红松鼠
（ *Sciurus vulgaris* ）
体长：最长可达25厘米
尾长：约20厘米

多刺的盔甲

普通刺猬背上的刺至少有7000根。它的刺实际上是另一种形式的毛发。虽然刺是空的，但非常坚硬，也很尖锐。刺猬受到惊吓时，会将身体蜷成球形，用身上的刺来保护腹部。小刺猬的刺则是软的，所以它在吸奶时不会刺伤自己的母亲。

普通刺猬
（ *Erinaceus europaeus* ）
体长：最长可达27厘米

抓力强的爪子

大斑啄木鸟的爪子锋利且弯曲，能牢牢地抓住树皮。它尾部的羽毛坚挺，有助于它落在树干上时支撑住它的身体。大斑啄木鸟的嘴笔直有力，能在树皮上凿洞，把里面的昆虫啄出来。它的舌头又长又黏，能伸到裂缝中将昆虫舔出。

大斑啄木鸟
（ *Dendrocopos major* ）
体长：最长可达25厘米

灰林鸮（ *Strix aluco* ）
体长：最长可达39厘米
翼长：最长可达1米

覆盖在林地地面的腐叶，为植物和昆虫提供了丰富的食物来源。

林间有许多细缝，可使阳光穿过树丛，照到林地上来。

无声的翅膀

灰林鸮在夜间捕食。它翅膀上的羽毛柔软，特别适宜悄无声息地飞行。它在黑暗中也能看得很清楚，而且听觉很好。它用它那弯曲的爪子捕抓猎物。它捕捉的猎物都是些小动物，如家鼠、田鼠等。

榛睡鼠
（ *Muscardinus avellanarius* ）
体长：最长可达9厘米
尾长：约7厘米

苗条的捕猎者

伶鼬的身体细长，能挤进家鼠和田鼠的洞里，堵住洞口，使它们无法逃生。伶鼬可谓身强力壮，它能够杀死比它大的动物，如兔子等。

冬眠的鹿鼠

在寒冷的冬季里，榛睡鼠会钻到用树叶和草建成的温暖巢中冬眠。它的巢可能筑在落叶下，也可能在中空的树木残干中。榛睡鼠在秋季时，会尽量多吃东西，体重可能因此增加将近一倍，好让它在冬眠时维持体力。

伶鼬（ *Mustela nivalis* ）
体长：约20厘米
尾长：约5厘米

赤狐（ *vulpes vulpes* ）
肩高：约35厘米
体长：约75厘米

夜猎者

赤狐多在夜间捕食，从兔子、蚯蚓，再到鱼和苹果，它们几乎无所不吃。虽然它们的天然栖息地为森林，但许多赤狐现在已经适应了城镇中的生活。它们常常在晚上出没，到人类居住的城镇的垃圾箱中寻找食物。

地图标注： 海　黹鹿　莱茵河　欧亚红松鼠　洲　易北河　灰林鸮　赤狐　榛睡鼠　多瑙河　阿尔卑斯山脉

公里　0　100　200　300
英里　0　100　200

南欧

南欧各国位于地中海北部沿岸。这些国家的夏季漫长、炎热且干燥，冬季凉爽多雨。干旱的灌木林地是本区典型的地理景观。

很多人住在南欧或在假日时来此旅游，他们破坏了本区大部分的森林，并污染了海洋。但野生动物仍可找到一些栖息地，如阿尔卑斯山和比利牛斯山、西班牙的科托多尼亚纳沼泽地、法国的卡马尔格湿地自然保护区。这些保护区内住着岩羚羊和西班牙猞猁等稀有动物。南欧也以鸟类闻名。许多鸟类如鹳、鸢和鹰等，在定期飞往欧非两洲的途中，都会经过这里。

胡兀鹫
（Gypaetus barbatus）
体长：最长可达1.3米
翼展：最长可达2.8米

碎骨者

胡兀鹫又称髭兀鹫，它是以动物尸体中的骨头为主要食物。在进食之前，它会先等其他猛禽吃完。胡兀鹫有时将骨头从高空中扔下，将骨头摔碎，这样它就能够吃到骨头里面的骨髓。

棕熊（Ursus arctos）
肩高：最高可达1.2米
体长：最长可达3米

岩羚羊
（Rupicapra rupicapra）
肩高：最高可达80厘米
体长：最长可达1.4米

不打滑的蹄子

脚步灵巧稳健的岩羚羊，平衡感极佳，能在南欧山区的悬崖峭壁边蹦来蹦去。它的腿强壮有力，每个蹄子下长有一层松软的肉垫，使它在陡峭或滑溜的山坡上不会滑倒。它一跃可达6米远，4米高。

洞螈
（Proteus anguinus）
体长：最长可达40厘米

盲眼穴居者

洞螈生活在地下水潭和溪流中。洞螈的眼睛被覆盖在皮肤里，因为它终日生活在黑暗中，不需要用眼睛看东西。洞螈靠头部两侧红色的鳃呼吸。

因叫声得名

戴胜的英文名叫"hoope"，这是因为它的叫声听起来很像"呼——噗——噗"。为了将敌人赶离鸟巢，小戴胜会放出一股强烈的气味，同时发出很大的嘶嘶声，并将嘴朝上戳。

戴胜
（Upupa epops）
体长：最长可达32厘米

近视眼的熊

由于棕熊是近视眼，所以它要靠灵敏的嗅觉来寻找食物。棕熊生活在南欧的山区，大都吃素。它会用它的长爪子挖取草根、嫩芽和球茎。秋季时，棕熊会吃很多水果和浆果，把自己养得胖胖的，好以冬眠的方式熬过冬季。

绿蟾蜍（Bufo viridis）
体长：最长可达12厘米

昆虫的终结者

绿蟾蜍在凉爽潮湿的夜晚出来捕食昆虫，有时它们会跳进村庄，在街灯或其他招引昆虫的光源附近捕猎。绿蟾蜍没有牙齿，所以它是将昆虫整个吞进肚子。

南

尔

卑

斯

山

脉

戴胜

金黄鹂

多尔多涅河

加龙河

大红鹳

比斯开湾

杜罗河

胡兀鹫

棕熊

科西嘉岛

撒丁岛

巴利阿里群岛

小斑獛

西班牙猞猁

直布罗陀岩山

地中海猕猴

地

荆棘灌木和矮树覆盖的硬叶灌丛带十分干旱，是地中海典型的动物栖息地。

大

西

洋

小斑獴
（ *Genetta genetta* ）
体长：最长可达60厘米
尾长：最长可达48厘米

有斑点的偷猎者

小斑獴白天睡觉，夜间则偷偷捕猎小型哺乳动物、筑巢的鸟类、爬行动物及昆虫。它的视力、嗅觉和听觉十分敏锐，因此它能成为出色的猎手。小斑獴十分擅长攀爬，它会用锋利的爪子紧紧地抓住树干和树枝。

有过滤器的嘴

大红鹳在浅水中涉水而过时，会用它带蹼的脚，将虾子及其他小动物从水底的泥中搅起，它的喙构造特殊，倒置在水中像个大筛子，能从水中滤取这些动物。

大红鹳
（ *Phoenicopterus roseus* ）
体长：最长可达1.5米
翼展：最长可达1.7米

地中海猕猴

地中海猕猴住在直布罗陀岩山上，人们认为是人类从阿尔及利亚把它们带到岛上的。这种猴子的自然分布范围实际上是北非，而不是欧洲。

西班牙猞猁（ *Lynx pardinus* ）
体长：最长可达1.1米
尾长：最长可达20厘米

飘带般的翅膀

雄性环纹斑旌蛉有长而薄的尾翅，如同飘舞的丝带一样拖曳在身后。雄蛉会成群地上下飞舞，争相展现它们的尾翅。它们也许是想借此吸引雌蝶。

环纹斑旌蛉
（ *Nemoptera sinuata* ）
翅展：最长可达8厘米

地中海猕猴
（ *Macaca sylvanus* ）
体长：最长可达75厘米

稀有的猫科动物

西班牙猞猁曾分布广泛，现在却因遭到捕猎，以及它在森林的栖息地被破坏而数量大减。今天，只有在西班牙西南部的两个地区发现过它们的踪迹。这种猞猁独来独往，在夜间捕食小型哺乳动物和鸟类。

金黄鹂（ *Oriolus oriolus* ）
体长：最长可达25厘米

金黄色的鸟

雄性金黄鹂长有鲜艳的黄色和黑色羽毛，以此来吸引雌鸟。雌鸟羽毛为淡黄绿色，在巢中栖息时，这种颜色有伪装的效果。欧洲金黄鹂在冬季时飞往非洲避寒。

欧

岩羚羊

洞螈

位于法国南部的卡马尔格湿地自然保护区是一片沼泽地，这里以野牛、野马和鹤闻名遐迩。

环纹斑旌蛉

绿蟾蜍

地中海僧海豹

在地中海沿岸有许多海滩，它们是海龟和海豹繁殖的场所。

幸存者

地中海僧海豹是世界上最稀有的海豹之一。它曾经在地中海里处处可见，但在过去遭到猎杀，今天，旅游度假者还占据了它们以前栖息和繁衍的海岸。

地中海僧海豹
（ *Monachus monachus* ）
体长：最长可达2.8米

西西里岛

克里特岛

中

海

非

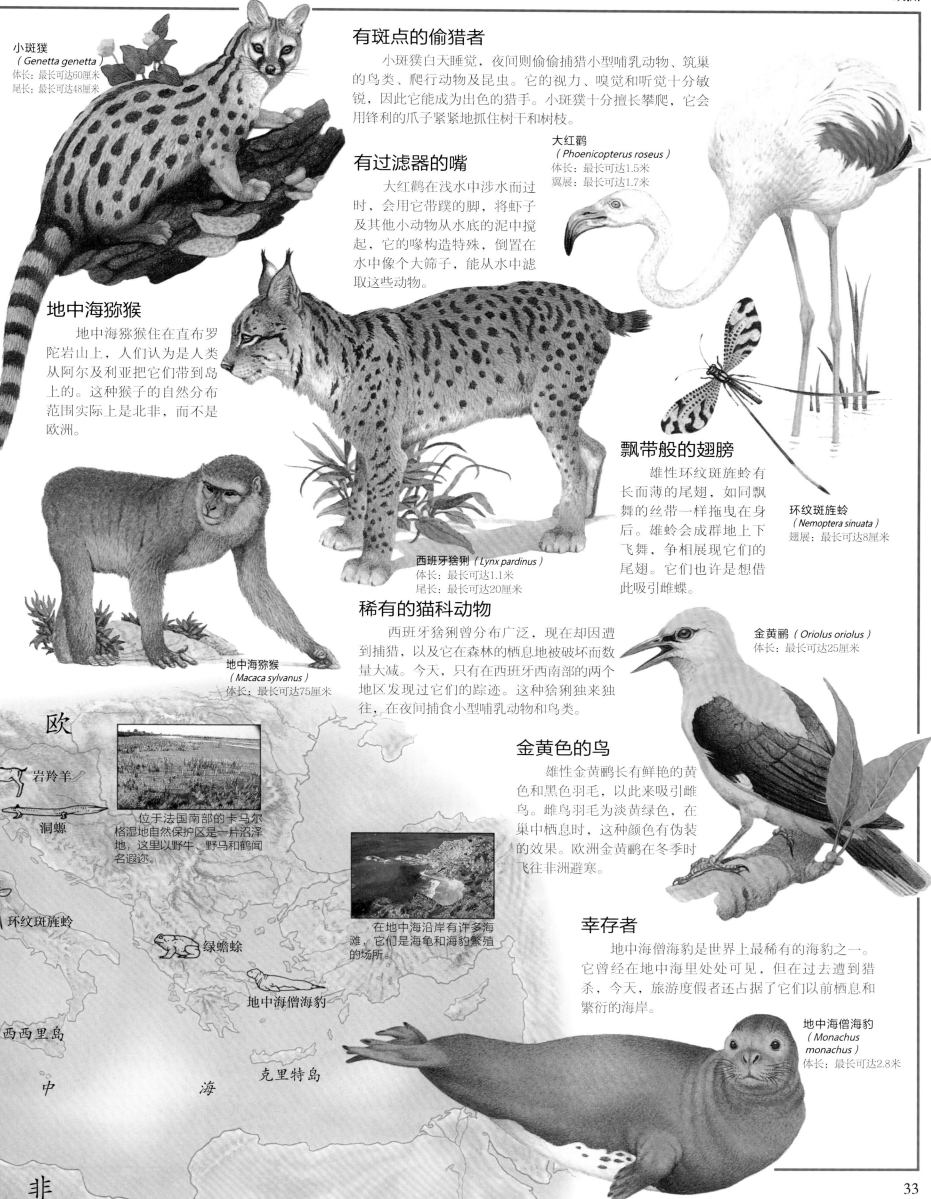

非洲　撒哈拉沙漠

撒哈拉沙漠的流沙在非洲北部延伸了有9000000平方千米，面积相当于整个美国。撒哈拉沙漠是世界上最大的沙漠，而且面积仍在扩大中。在炙热的白天，即使在阴凉处气温也超过50摄氏度，但晚上却非常寒冷。这里雨水很少，有些地方甚至几年不下一滴雨。

生活在撒哈拉的动物以各种方式适应这里恶劣的环境。许多小动物白天躲在洞中，只在晨昏较凉爽的时候出来。多数沙漠动物可以长时间不喝水，有些动物甚至从不喝水，只从植物和昆虫等食物中获取所需水分。

厚脚皮

沙丘猫脚底的皮很厚。这层厚皮使它不会陷入松软的沙中，也不至于被滚烫的沙子灼伤。捕猎时，它的大耳朵可以使它在很远的地方就听到并发现猎物。

沙丘猫（*Felis margarita*）
肩高：最高可达23厘米
体长：最长可达57厘米

砂鱼蜥（*Scincus scincus*）
体长：最长可达20厘米

沙泳者

砂鱼蜥的名字来源于它以"游泳"的方式钻进沙中移动，这种蜥蜴流线型的外形有助于它扭动身体潜入沙中，这种行为可以避免它暴露在炽热的阳光下。

多刺的猎手

北非沙漠猬白天躲在洞中，晚上出来捕猎。它的长腿可使其身体不会紧贴着灼热的沙地。蝎子是刺猬的美食之一。它会先咬去蝎子的尾刺，再慢慢享用。

北非沙漠猬
（*Paraechinus aethiopicus*）
体长：最长可达27厘米

黄肥尾蝎
（*Androctonus australis*）
体长：最长可达10厘米

超级毒刺

黄肥尾蝎靠尾端的刺来保护自己。它的尾刺含有剧毒，若被它刺到，就相当于被眼镜蛇咬一口，7分钟内，毒液可使一只像狗这么大的动物毙命。

撒哈拉沙漠有几座炎热、干旱的山脉，这些地方几乎没有什么动植物。

大西洋　地
阿特拉斯山脉
耳廓狐
横斑沙鸡
单峰骆驼
蛮羊
阿哈加尔高原
撒哈
沙丘猫
北非沙漠猬
旋角羚
摩洛哥王者蜥

撒哈拉沙漠的沙丘被称为"沙质沙漠"，其中有些可高达180米。

大耳朵

耳廓狐有一对长达15厘米的大耳朵。它又薄又大的耳朵像一对散热器，可使它散发掉体内的热气，保持身体凉爽。捕猎时，它的大耳朵还能听到猎物的动静。

耳廓狐（*Vulpes zerda*）
体长：最长可达41厘米　尾长：20厘米

跳跃能手

非洲跳鼠就像一只小袋鼠。它一跳可跳出2.5米远，这可帮助它躲避敌人。它的后腿十分有力，而且后腿是它前腿的4倍长。它的长尾巴在跳跃时可帮它保持平衡，在站立时则可帮它支撑身体。

非洲跳鼠（*Jaculus jaculus*）
体长：最长可达15厘米
尾长：最长可达25厘米

空中运水员

横斑沙鸡必须每天喝水。由于幼鸟不会自己飞出去找水喝，因此要靠雄鸟去取水给它们。雄鸟会飞到一处水坑，然后泡在水中，直至腹部羽毛完全浸湿。返巢后，雄鸟站着，让幼鸟从它的羽毛中吸吮水分。

横斑沙鸡
（*Pterocles lichtensteinii*）
体长：约26厘米

神圣粪金龟
（*Scarabaeus sacer*）
体长：约4厘米

滚粪球

神圣粪金龟以其他沙漠动物的粪便为食。它将这些粪便滚成球，再将粪球埋入坑中，作为其幼虫的食物。粪金龟的表皮又厚又亮，可反射阳光和保持身体凉爽。古埃及人曾将它视为神圣之物。

中海

砂鱼蜥
尼罗河
非洲跳鼠
烟色隼
纳赛尔水库
提贝斯提高原
黄肥尾蝎
沙漠
神圣粪金龟

阿拉伯半岛
红海

撒哈拉沙漠中有不少多岩石的高原，称为"岩漠"。

公里
0 200 400 600 800 1000
0 200 400 600
英里

肥厚的驼峰

单峰骆驼（或称阿拉伯驼）可连续几星期不饮水。它的驼峰大部分是脂肪，这些脂肪可在它们缺少食物和水的情况下提供能量。单峰骆驼有很长的睫毛保护眼睛。它还能关闭鼻孔，以防吸入沙土。

旋角羚
（*Addax nasomaculatus*）
肩高：约1.2米
角长：最长可达1.1米

单峰骆驼
（*Camelus dromedarius*）
肩高：约1.8米
体长：最长可达3.95米

稀有的旋角羚

许多旋角羚因它们的毛皮而遭到捕杀，现在旋角羚已十分稀少。旋角羚从不饮水，它从所吃的植物中获取所需要的水分。它的蹄子很宽，因此能迅速自如地在松软的沙地上行走。

凶猛的烟色隼

烟色隼的幼鸟在每年的夏末孵化。此时正值许多候鸟迁徙经过撒哈拉沙漠，烟色隼于是捕捉在此停留歇息的候鸟，来喂养它们的幼鸟。

肥壮的尾巴

如果食物稀少时，摩洛哥王者蜥可以靠贮藏在尾巴中的脂肪活一个月。在遭到敌人攻击时，摩洛哥王者蜥会先钻入洞穴，伸出长满锋利鳞片的尾巴，左右抽打。

摩洛哥王者蜥
（*Uromastyx acanthinura*）
体长：最长可达43厘米

攀岩能手

蛮羊生活在撒哈拉的山区。它们是攀岩能手，外表像山羊而不像绵羊。它们从所吃的山区植物中获取大部分所需的水分，因此几乎不必饮水。

烟色隼（*Falco concolor*）
体长：最长可达36厘米

蛮羊（*Ammotragus lervia*）
肩高：最高可达1米
角长：最长可达76厘米

雨林和湖泊

非洲的热带雨林面积十分广阔，从西非一直延伸到东非大裂谷。这条巨大的裂谷长约 6500 千米，是因地壳变动形成的。大裂谷谷底散布着一连串景色壮观的湖泊，为野生动物提供了一个富饶的栖息之地。温暖而潮湿的热带雨林，是獾狐狓、鸟类、蛙、蛇及昆虫等动物的家园。很多草食性动物以长在巨大林木下的浓密灌木叶为食。掉在林地上的叶子和果实很快便腐烂，成为猪、豪猪和白蚁的食物。一些森林中的动物擅长爬树，因此能吃到树上的果实。伪装可以帮助许多动物躲避天敌，或悄悄靠近猎物而不被发现。不幸的是，为了得到木材或开辟农场与村庄，面积广大的热带雨林已遭到破坏，使大猩猩等许多动物濒临绝种。

全身盔甲

树穿山甲全身长着角质鳞片，如同穿着一件盔甲，可帮助它防御敌人。穿山甲把它的长尾巴当作另一只手，用它来抓住树枝。它能够紧紧抓住树枝，甚至只用尾巴末端就可将整个身体吊在树上。树穿山甲以蚂蚁和白蚁为食。它先用强有力的前腿扒开蚁穴，再用它的长舌头舔食蚂蚁。

树穿山甲
（ Manis tricuspis ）
体长：最长可达45厘米
尾长：最长可达60厘米

温柔大汉

西部大猩猩是温顺的素食者，以树叶、植物的茎、树皮和水果为食。它们近亲群居在一起，每群最多有30只，由一只成年的雄猩猩统治。大猩猩利用变化丰富的音调和姿势互相沟通。例如，雄性西部大猩猩会以站立并用双手拍打胸脯的方式吓退对手。10岁以上的雄性西部大猩猩背部的毛呈银灰色，人们便昵称它们为"银背"。

西部大猩猩（ Gorilla gorilla ）
身高：最高可达1.8米

倭新小羚（ Neotragus pygmaeus ）
体长：最长可达59厘米
肩高：最高可达30厘米

细笔腿

纤小的倭新小羚小得像兔子一样，腿则细如铅笔。它是世界上最小的羚羊。当它遇到大型哺乳动物、鸟或蛇等敌人，逃跑时一跳可达2.7米远。倭新小羚生性胆小，只在晚上找些树叶来吃。

可怕的毒牙

加蓬咝蝰是世界上毒性最强的毒蛇，它体内的毒液足以杀死20个人。它的毒牙长达5厘米，因此它能将毒液深深注入捕到的小动物体内。这类毒蛇皮肤上的花纹有伪装作用。

加蓬咝蝰
（ Bitis gabonica ）
体长：最长可达2米

獾狐狓（ Okapia johnstoni ）
体长：最长可达2.5米
肩高：最高可达1.7米

强壮的狩猎者

豹十分的强壮有力，它能拖得动一具几乎与其本身体重相等的动物尸体。它把大量食物储藏在树枝上，以防止其他动物偷吃。豹的捕猎对象包括羚羊、猴子、鸟、鱼和蛇。与大多数猫科动物不同的是，母豹不教幼豹如何捕猎。幼豹必须学会自己照料自己，等到一岁半至两岁时，幼豹便能离开母豹独立生活。

有条纹的腿

当一只獾狐狓站在林中时，它腿上的条纹有掩饰其身形的效果。这可使它躲过如豹子等天敌。獾狐狓以树叶为食，它会用舌头从树上或灌木上扯下叶子。它的舌头极长，甚至可以用来清洁双眼和眼睑。长颈鹿是獾狐狓血缘最近的近亲。雄性獾狐狓与长颈鹿一样，头上长有短短的、覆有毛皮的角。

豹
（ Panthera pardus ）
体长：最长可达1.9米
尾长：最长可达1.4米

黑盔噪犀鸟
（ *Ceratogymna atrata* ）
体长：最高可达70厘米

吵闹的鸟

当黑盔噪犀鸟飞越雨林时，它宽大的翅膀会发出很响的瑟瑟声。这是由于空气快速通过翅膀羽毛间的空隙而形成的。它嘴上奇特的角状隆起物称为"盔突"。黑盔噪犀鸟可能是由盔突来辨识其他犀鸟的年龄、性别及种类。

河马
（ *Hippopotamus amphibius* ）
体长：最长可达5.6米
肩高：最高可达1.5米

巨口大张

河马彼此间常常发生打斗。河马会张大它的嘴，露出吓人的长牙，借此震慑对手。河马白天多半待在湖中和河里，或者是沙岸上，夜晚才出来嚼食湖边和河边的青草。一只河马一夜可以吃掉80千克的草或其他植物。河马的脚趾间有蹼，可以帮助它在水中游泳。它潜水时间可长达5分钟。

黑猩猩（ *Pan troglodytes* ）
身高：最高可达94厘米

非洲水雉
（ *Actophilornis africanus* ）
体长：最长可达31厘米

使用工具的猩猩

黑猩猩非常的聪明，它是少数会制作和使用工具的动物之一。有时，它会折下一截树枝，用它将白蚁从蚁巢中掏出，它还会把石块当作锤子来使用。黑猩猩在树上和在地上都活动自如。它用四肢行走，手指向上卷曲，用指关节支撑身体。夜间，黑猩猩睡在用树枝搭起的窝中。

水上步行者

非洲水雉的脚趾十分长，可以分散体重，使它能够在睡莲等漂浮在水面的植物叶子上行走。因此它有时被称作"睡莲上的飞毛腿"。当它在这些植物上行走时，也会用尖尖的嘴啄食水中的昆虫和甲壳动物。有时，为了躲避敌人，它会潜入水中，只将嘴和鼻孔露出水面。

非洲巨蛙
（ *conraua goliath* ）
体长：最长可达32厘米

巨大的跳跃能手

非洲巨蛙的后腿很长，一跳可达3米远。它短短的前腿在落地时可发挥缓冲作用。非洲巨蛙这项出色的跳跃本领，可帮助它逃过天敌的追捕。非洲巨蛙像所有蛙类一样，十分擅长游泳，长长的后腿和带蹼的脚，是它在水中前进的推进器。

非洲大部分的雨林分布在刚果河流域。

超级蜗牛

非洲大蜗牛吃各种植物。它用它的舌头刮取植物叶子的碎片来吃。它长长的触角末端长着单眼，可以分辨明暗。它头上较短的一对触角可发挥嗅觉和触觉的功能。

非洲大蜗牛
（ *Achatina fulica* ）
体长：最长可达30厘米

公里
0　250　500　750　1000

0　200　400　600
英里

树穿山甲
倭新小羚
豹
獾狇貖
黑盔噪犀鸟
非洲大蜗牛
黑猩猩
加蓬咝蝰
非洲水雉
西部大猩猩
河马
非洲巨蛙

非　　洲

乍得湖
尼日尔河
白尼罗河
青尼罗河
亚丁湾
东非大裂谷
维多利亚湖
坦噶尼喀湖
尼亚萨湖
赞比西河

大　西　洋
印　度　洋

在东非大裂谷中，有些地方的裂谷断层高达1250米。

成群的红鹳住在东非大裂谷的湖泊中。

37

大草原

非洲辽阔无边的热带大草原，是地球上最后一块仍有珍奇的大型草食性动物生存的地方。这里气候主要分为雨季和旱季。当旱季来临时，这些动物便成群结队地长途跋涉，以寻找青草和水源。有时一眼望去，整个草原到处都是这些迁徙的动物。

多数草食性动物以草为食，但草有极强的适应性，它们可以从各类食草动物啃食的冲击中生存下来。只要草根能够保存下来，即便是动物吃光了草露在地面的所有部分，它们也可以再生。草食性动物又是草原上狮子、豹、猎豹和野狗等猎食者的食物。秃鹫和以腐肉为食的动物则在它们猎食后蜂拥而至，抢食残肉剩骨。草丛中还有蜥蜴、蛇和各类昆虫，它们都在草原的生态环境中各自扮演重要的角色。

超级战士

大白蚁中的兵蚁负责保卫蚁群不受敌人攻击。它用它的头和强有力的双颚咬伤来犯者。

大白蚁
（ *Macrotermes natalensis* ）
体长：最长可达1.4厘米

嘎巴嘎巴地啃骨头

斑鬣狗的双颚很大，非常有力，能咬断骨头。它们在夜间三五成群去猎杀角马和斑马等动物，咬破它们的肚皮。斑鬣狗也吃被其他动物猎杀的动物。

斑鬣狗
（ *Crocuta crocuta* ）
肩高：约91厘米
体长：最长可达1.6米

精力充沛的迁徙者

为寻找新鲜的青草，斑纹角马常在大草原上跋涉千里。每当它们停下来歇息或吃草时，公斑纹角马便划出自己的领地，不许其他公斑纹角马进入。小斑纹角马出生后不久便能够奔跑，几小时内便可跟上所属的斑纹角马群。

斑纹角马
（ *Connochaetes taurinus* ）
肩高：约1.4米
体长：约2.1米

团结抵御敌人

布契尔斑马通常是以家为单位生活在一起，但是在旱季时，它们会成群地聚居在一起。这有助于防备敌人，因为许多双眼睛和耳朵在一起，比较容易发现危险。公斑马有时会猛踢狮子等来犯的敌人，有时甚至会踢掉它们的牙齿。

布契尔斑马
（ *Equus quagga burchelli* ）
肩高：最高可达1.2米
体长：最长可达3米

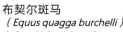

猎豹
（ *Acinonyx jubatus* ）
体长：最长可达2.2米
尾长：约76厘米

大胃王

非洲草原象一天要花16个小时寻找足够的食物，以供给其庞大身躯所需的能量。一头大公象的体重相当于90个成年人的体重。非洲草原象用它们长长的鼻子摘取树上的叶子来吃。它们力大无比，能够推倒树木来取食树梢美味的嫩叶。就像人类有的是左撇子，有的是右撇子一样，象也只习惯用某一边的象牙。

非洲草原象
（ *Loxodonta africana* ）
肩高：最高可达3.5米
鼻长：最长可达2.1米

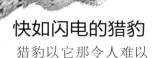

快如闪电的猎豹

猎豹以它那令人难以置信的冲刺速度捕杀猎物。它短距离奔跑的速度能高达每小时100千米以上，但很快就筋疲力尽。它用尖长的犬齿紧咬住猎物的喉咙，用锋利的槽牙撕开猎物骨头上的肉。

非洲白背兀鹫
(*Gyps africanus*)
体长：最长可达94厘米
翼展：最长可达2.2米

光秃秃的脖子

非洲白背兀鹫的脑袋和脖子光秃秃的，因此它很容易便将头伸进动物的尸体中吃腐肉。有羽毛不仅妨碍啄食，还会被弄脏。兀鹫在大草原的高空中盘旋，以锐利的目光寻找动物尸体。

黑犀
(*Diceros bicornis*)
体长：最长可达4米
角长：约50厘米

飞毛腿

虽然黑犀的体形巨大，但十分灵活，短距离奔跑的速度可达每小时48千米。黑犀的上唇呈钩状，可以扯下灌木或树上的树皮、细枝和树叶。

公里
0　200　400　600

0　200　400
英里

恩戈罗恩戈罗火山位于坦尼亚，周遭天空积聚的乌云示着，雨季就要开始了。

非洲草原象

布契尔斑马

长颈鹿

斑纹角马

卡拉哈迪沙漠

金合欢树是非洲大草原上最常见的树木之一。

东非大裂谷

非洲

维多利亚湖
汤氏瞪羚
坦噶尼喀湖
红头织布鸟
尼亚萨湖
赞比西河

猎豹

黑犀

狮子

大白蚁

斑鬣狗

一大群角马迁徙越过坦桑尼亚平原。

印度洋

狮子
(*Panthera leo*)
肩高：约1米
体长：最长可达3.5米

爱困的猎者

狮子通常在夜晚捕猎，每天则要睡21个小时左右。它的吼声在8千米外就可听到。狮子近亲群居，称为狮群。一个狮群由互有血缘关系的母狮、幼狮及一头或多头成年雄狮组成。

与树同高

长颈鹿的脖子特别长，因此它能吃到距离地面6米高的树叶和细枝，显然它的头比大部分其他动物的头要高得多。长颈鹿用它的长舌头和卷曲的上唇取食树枝上的树叶。

长颈鹿（ *Giraffa camelopa rdalis* ）
身高（至头）：约5.5米
颈长：约2.4米

红头织布鸟
(*Anaplectes leuconotos*)
体长：最长可达15厘米

织巢者

雄性红头织布鸟会用柔软的绿色树枝编织一个精巧的巢，以此吸引雌鸟。巢通常固定在树枝的末端，以保护鸟蛋和雏鸟不受敌人伤害。鸟巢厚厚的巢壁可使雏鸟白天感到凉爽，夜晚觉得暖和。

汤氏瞪羚
(*Eudorcas thomsonii*)
肩高：约66厘米
角长：约40厘米

飞跃的羚羊

汤氏瞪羚过着群居生活。一旦它们察觉有危险时，整群瞪羚会上下跳跃，挺直头和腿，并将身体弯成曲线。这种动作称为"蹦跃"，或许可以使敌人一时困惑不解。

马达加斯加

马达加斯加是世界第四大岛。它从前曾与非洲大陆相连，在几千万年前与大陆分离，并漂流入海。长时间的与世隔绝，使那里出现了许多独特的动物。这些动物包括猬、狐猴、马岛獴，以及数量占全世界 2/3 的变色龙。然而，一些常见的动物在岛上却根本找不到，例如，岛上没有啄木鸟，也没有毒蛇。

马达加斯加的野生动物种类繁多，是因为岛上的气候类型多，植物种类丰富。岛的东海岸为热带雨林区，岛的南端则很干燥，属于半沙漠气候。岛上南北走向的山脉主干贯穿全岛，中央高地则较为寒冷，上面草原茂盛。

弯嘴裸眉鸫
（ Neodrepanis coruscans ）
体长：最长可达10.5厘米

花蜜吸管

弯嘴裸眉鸫用它长而弯曲的喙吸取深藏在花蕊中的甜花蜜。它的舌尖形似刷子，以吸食花蜜。弯嘴裸眉鸫在进食时会将花粉由一朵花带到另一朵花，从而帮助植物授粉。每到繁殖季节，雄鸟头部两侧的皮肤会变成蓝色。它可能借此吸引雌鸟，以进行交配。

维氏冕狐猴
（ Propithecus verreauxi ）
体长：约45厘米
尾长：约55厘米

奇怪的叫声

维氏冕狐猴的英文名称为"sifaka"，这个名称源自它警告同伴有危险时的叫声："唏——卡！唏——卡！"维氏冕狐猴白天大部分时间都在休息和享受日光浴。它在晒太阳时会张开双臂，以便尽量多地享受阳光的沐浴。维氏冕狐猴的腿比上臂长得多，使它可以在林木间跳来跳去，一跃可达5米以上。维氏冕狐猴有时也会在地面上用后脚跳跃前进，同时将双臂举高，在头上乱挥乱舞。维氏冕狐猴不会以四肢行走，因为它的前臂太短。

环尾狐猴（ Lemur catta ）
体长：约45厘米
尾长：约55厘米

以气味作信号

环尾狐猴用身上腺体产生的气味来界定它的领土，这些气味信号警告对手不要接近。雄性环尾狐猴也常用这种气味和其他雄性狐猴进行"臭气战"。它将腕部和腋下腺体中发出的气味喷在尾巴上，然后摇摆身后的尾巴，将气味扇向对手。雄性狐猴间的这种臭气战，有时会持续一小时。环尾狐猴群居在一起，一群最多有40只。它们以水果、树叶、树皮和青草为食。

产子冠军

雌性马岛猬是一胎产子最多的哺乳动物——一胎最多可达32只。通常其中只有16~20只能存活。马岛猬全身长满硬毛和尖刺。遇到敌人时，马岛猬会竖起头上和背上的毛和刺，同时拼命跺前脚，口中发出嗞嗞声并且嘴巴大张，以此吓退敌人。

马岛猬
（ Tenrec ecaudatus ）
体长：最长可达40厘米

聪明的攀爬者

马岛獴的尾巴几乎与身体一样长。尾巴有助于它在爬树时保持平衡。马岛獴的捕食对象包括狐猴与其他哺乳动物，以及鸟、爬行动物和昆虫等。它常常用前爪抓住猎物，再咬猎物的后脑使其毙命。马岛獴是马达加斯加分布最广的肉食性动物。但由于人类带着猫、狗等动物入岛，它们身上携带的病毒导致马岛獴患病。

马岛獴
（ Cryptoprocta ferox ）
体长：最长可达75厘米
尾长：最长可达70厘米

指猴
（ Daubentonia madagascariensis ）
体长：约45厘米
尾长：约55厘米

大耳朵

指猴是一种狐猴。它有一对像蝙蝠一样的大耳朵。它的听力极佳，甚至听得到树皮下有昆虫在爬动。

指猴会用细长的中指挖出多汁的甲虫、幼虫来吃。它也会吃坚果、竹笋等植物，以及一些水果。指猴生活在树林中，大部分时间待在树上。由于生活环境遭到破坏，指猴现在已濒临绝种。

喧闹的狐猴

大狐猴是狐猴中体形最大的一种，也是最吵闹的一种。它的高声哀嚎在3千米外都能听得到。如果整群狐猴一起哀叫，声音更是震耳欲聋。这些叫声可使敌对的猴群不敢靠近。每只大狐猴都能从叫声中辨认其他的狐猴。当大狐猴受到惊吓时，它会发出一种如汽笛般的怪异叫声。

矛尾鱼

在马达加斯加东部，有一片宽约50千米（30英里）的平原。

大狐猴
（ *Indriindri* ）
体长：最长可达77厘米
尾长：约6厘米

各类的杂草是马达加斯加中部高原上的主要植物。

察腊塔纳纳山脉

指猴

国王变色龙

棉杆竹节虫
（ *Sipyloidea sipylus* ）
体长：约9厘米

红嘴钩嘴鹟
（ *Hypositta corallirostris* ）
体长：最长可达14厘米

贝齐布卡河

红嘴钩嘴鹟

马岛獴

弯嘴裸眉鸫

大狐猴

尖利的嘴

红嘴钩嘴鹟以昆虫为食。它生长在马达加斯加东部潮湿的雨林中。它先用锋利的爪子抓紧树干，再用嘴穿透树皮，啄取昆虫的幼虫。这种鸟只生活在马达加斯加岛。

印度洋

马尼亚河

假面野猪

中部高原

莫桑比克海峡

马岛猬

曼戈基河

维氏冕狐猴

环尾狐猴

乌尼拉希河

棉杆竹节虫

体如细枝

马达加斯加有超过90%的昆虫种类，在世界上的其他地方未曾出现过，它们包括几十种竹节虫。它们那又细又长的身体宛如带刺的树枝，令敌人几乎无法发现它们。特别是它们静止不动的时候。

矛尾鱼
（ *Latimeria chalumnae* ）
体长：最长可达2米

活化石

科学家们曾认为矛尾鱼早在7000万年前便已绝种。但是在1938年，人们却在马达加斯加海岸捕到一条活的矛尾鱼。矛尾鱼看起来很像几百万年前第一批游出水面、爬上陆地的鱼类。许多年后，这些鱼有些逐渐演化为两栖动物，例如现存的青蛙和蝾螈。像早期的鱼类一样，矛尾鱼长着如四肢般的鳍，这种鳍可能对它们翻越海底岩石有所帮助。

国王变色龙
（ *Calumma parsonii* ）
体长：最长可达68厘米

假面野猪
（ *Potamochoerus larvatus* ）
体长：最长可达1.5米
尾长：最长可达45厘米

过去马达加斯加岛上有许多森林。目前仅存着几片森林，这里生长着各类植物和动物。

钳子般的脚趾

国王变色龙的手脚就像钳子，5个脚趾中有两趾与另外三趾相对，这使它能牢牢抓住树枝和植物。国王变色龙能改变身体的颜色，有时是因情绪的变化（如生气或害怕），有时则是为了融入周围环境。这种伪装可以帮助它躲避天敌，并偷偷接近猎物而不会被发现。

多毛的后背

假面野猪的背部长着一层白色的长鬃毛。当它兴奋或受伤时，鬃毛便会竖起。假面野猪的长鼻子很灵敏，能嗅出哪儿有草根、昆虫和蠕虫，从植物、小型哺乳动物、鸟类，到死去的动物，它什么东西都吃。假面野猪对农作物的破坏极大，因此常遭到农民猎杀。

亚洲　西伯利亚

亚洲北部的西伯利亚针叶林，是世界上面积最大的森林，其中最常见的树是落叶松、枞树和云杉。它们的果实是动物赖以生存的食物来源，尤其在白雪皑皑的冬季。森林以南是与世隔绝了几百万年的贝加尔湖，那里生长着很多世界上独一无二的动物。

森林北边是贫瘠的北极荒原，称为冻原。那里常年冰天雪地，一年有9个月是冬季。冬季时，许多动物南迁到针叶林避寒，一些鸟类则飞往气候温暖的地方。冻原短暂的夏季是个繁盛的季节，此时终日如白昼般明亮。

令人生畏的嗥叫

灰狼是群居动物，它们以嗥叫彼此联络，或警告其他狼群不要靠近。每个狼群都有严格的群居地位等级，它们以不同的体态表明其在狼群中的地位。地位高的灰狼会对其他的狼嗥叫或瞪眼，并会翘起尾巴和竖起耳朵；地位低的灰狼则仰躺着，耳朵下垂，夹着尾巴。

灰狼（Canis lupus）
体长：最长可达1.8米
尾长：约45厘米

小号手

大天鹅是世界上最吵闹的一种天鹅。它的鸣叫声像小号角一样响亮，在很远的地方就能听到。它的翅膀会在飞行时发出一种瑟瑟声。大天鹅常常数百只聚居在一起。它们在冻原地区和针叶林深处的湖泊中繁殖。

大天鹅（Cygnus cygnus）
翼展：最长可达2.4米

独特的海豹

贝加尔海豹是唯一生活在淡水中的海豹。它们与生活在北冰洋中的环斑海豹有血缘关系。几百万年前，它们的祖先可能是从北冰洋沿勒拿河到达了贝加尔湖。现在它们已无法离开这个湖泊了。贝加尔海豹以鱼为食，它们用尖利的牙齿捕鱼。

贝加尔海豹（Pusa sibirica）
体长：最长可达1.5米

蜡状斑点

太平鸟的翅膀上长有红色斑点。这些红点看起来很像人们从前用来封信的蜡油。谁也搞不清这些红斑点有什么意义。太平鸟主要以浆果为食，它消化食物的速度极快，种子通过它的消化系统只需16分钟。

太平鸟（Bombycilla garrulus）
体长：最长可达23厘米

北冰洋

白令海峡　北极地松鼠

公里 0 250 500 750 1000
英里 0 150 300 450 600

东西伯利亚海
新西伯利亚群岛
北地群岛　拉普捷夫海
喀拉海　因迪吉尔卡河　西
巴伦支海　新地岛　西伯利亚旅鼠　勒拿河　紫貂　北噪鸦
雪鸮　西伯利亚山雀　堪察加半岛
鄂毕河　驯鹿　安加拉河　伯
花尾榛鸡　灰狼　太平鸟　鄂霍次克海
乌拉尔山脉　叶尼塞河　勒拿河　利　库页岛

辽阔的西伯利亚森林一望无际，西伯利亚的面积比整个美国还要大1/3。

贝加尔湖是地球上最深且最古老的湖泊，它的总水量也比世界上其他的湖泊都大。

大天鹅　贝加尔海豹　亚　贝加尔湖

强壮的猎手

巨大强壮的雪鸮在天寒地冻的冻原上悄无声息地滑翔，寻找旅鼠和田鼠等猎物。它一天最多可抓到10只旅鼠。雪鸮十分强壮，能够捕杀野兔。雪鸮羽毛上黑白相间的花斑是一种伪装，使它在雪地里不易被发现。它脚上如长袜子般的厚羽毛，可帮助它保持温暖。

雪鸮（ *Bubo scandiacus* ）
体长：最长可达66厘米
翼展：最长可达1.6米

地下食物贮藏室

在短暂的夏季里，北极地松鼠忙着在它的地下洞穴中储藏食品。为了度过冬季，它必须储存好几个洞穴的食品。它在夏季时还会拼命地吃，以便在体内储存厚厚的脂肪。当北极地松鼠受伤或察觉有危险时，它会发出响亮的叫声，向其他松鼠示警。

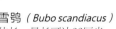

北极地松鼠
（ *Urocitellus parryii* ）
体长：最长可达37.6厘米
尾长：最长可达15厘米

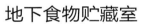

紫貂（ *Martes zibellina* ）
体长：最长可达45厘米
尾长：最长可达19厘米

以松果为食

北噪鸦能用它那强有力的嘴打开松果，取食里面的松子。有时它会先用爪子抓住松果，再用嘴啄出松子。北噪鸦的数量与松果的数量有密切的关系——当松果数量变少时，北噪鸦数量便骤减。当食物短缺时，这些北噪鸦会飞进城里或村庄寻找残羹剩饭。

雪鞋般的蹄子

驯鹿的蹄子很宽，有利于它在积雪很深的地区行走自如。冬季时，驯鹿会用蹄子刨开地面上的雪，取食雪下的苔藓和地衣。有些驯鹿在夏季冻原区的繁殖地与冬季针叶林中的摄食地之间迁徙。驯鹿是唯一公鹿母鹿都长角的鹿。

搬家

每隔三四年，西伯利亚旅鼠的数量便大增，数以千计的旅鼠不得不离开巢穴另寻新家。它们一旦开始迁徙，就不会停下来，即使到了大城市或繁忙的交通要道也是如此。许多西伯利亚旅鼠会被天敌吃掉或死于疲劳和饥饿；另一些会在越过河流、湖泊或海洋时溺死，但它们并非像许多人认为的那样是在自杀。

西伯利亚旅鼠（ *Lemmus sibiricus* ）
体长：最长可达18厘米

有斑点的羽毛

雌性花尾榛鸡的羽毛上有棕色的斑点，当它孵蛋时，这些斑点能帮助它躲过天敌。花尾榛鸡的飞行肌肉很发达，这些肌肉也可当作食物的储存库，当花尾榛鸡感到冷时，便可产生热量。花尾榛鸡是针叶林中分布最广，也最常见的鸟类。

花尾榛鸡（ *Bonasa bonasia* ）
体长：最长可达40厘米

毛皮外衣

紫貂全身长着一层漂亮厚实的毛皮。为了获得这层毛皮，人们几乎已将野生紫貂捕杀殆尽。养殖场现在仍饲养着紫貂，以获取它的毛皮，因此它现在已无绝种的危险。紫貂以田鼠等小型哺乳动物，以及鱼、昆虫、坚果和浆果等为食。紫貂的臭腺很发达，它用这种气味来界定它的领地。这种难闻的气味警告其他紫貂不许靠近。

北噪鸦
（ *Perisoreus infaustus* ）
体长：最长可达31厘米

驯鹿
（ *Rangifer tarandus* ）
体长：最长可达2.3米
尾长：最长可达21厘米

西伯利亚山雀
（ *Poecile cinctus* ）
体长：最长可达14厘米

节约能量者

西伯利亚山雀常年生活在森林中，即使在严寒的冬季也不离开。夜晚，它的心跳和身体其他代谢过程会减慢，体温也会降低，因此能节省体内的能量，使它在找不到足够食物补充能量时仍能活下去。西伯利亚山雀用它那短而有力的嘴，从树木和灌木中啄取昆虫、种子和浆果为食。

沙漠和干草原

从俄罗斯的南部到中国，有一片广阔的大草原，称作干草原。此区夏季炎热，冬季漫长寒冷，冷风从寒冷的北方长驱直入。干草原上曾经有大群草食性动物，如高鼻羚羊和蒙古野驴，现在都因遭猎捕而几乎绝迹。现存的动物已受到保护，但却被迫迁到远离农场的较干旱地区。如今，干草原上最常见的动物是穴居的啮齿动物，如天山黄鼠。

干草原以南是中亚大沙漠。这里年降雨量还不到30厘米。夏季炙热，但夜间温度却会陡降20摄氏度之多。一些沙漠动物在夏季休眠，另一些动物只在夜间活动，以躲避酷热。像跳鼠等小动物不喝水也能存活。大型动物如骆驼则在体内储存脂肪，以供它们在缺少食物和水时维持生命。

稀有的雕

由于在开阔的干草原上树木极少，因此稀有的草原雕在地面上筑巢。草原雕是凶猛的猎食性动物，专门捕猎仓鼠、黄鼠等小型啮齿动物。草原雕从高空俯冲而下，用锋利强劲的爪子抓住猎物，然后用钩状的嘴将食物撕成碎片吃下。

双峰驼（*Camelus bactrianus*）
肩高：最高可达2米
体长：最长可达3.5米

草原雕（*Aquila nipalensis*）
体长：最长可达81厘米
翼展：最长可达2.1米

地中海蝰（*Macrovipera lebetina*）
体长：最长可达2.3米

可怕的蝰蛇

地中海蝰是最大的沙漠蛇类之一。它是一种毒蛇，会用中空的长毒牙将毒液注入猎物体内，使猎物毙命。地中海蝰以啮齿动物和蜥蜴为食，它先静静地等在暗处，然后伺机突袭猎物。地中海蝰等到它的猎物咽气后，再将它们整个吞下。地中海蝰在炎热的白天躲在阴凉处或地下，只在夜晚才出来捕食。

单峰还是双峰？

双峰驼有两个驼峰，而单峰驼只有一个驼峰。多数双峰驼由人类驯养，但仍有少量野生双峰驼生活在戈壁沙漠。双峰驼抗寒和抗热的能力极强。冬季时，它会长出又长又粗的毛以保持体温，夏天时这些毛则大都脱落。它的蹄子又宽又平，使它能在松软的沙子上行走自如，而不会陷进沙里。

奔跑的能手

蒙古野驴奔跑的速度可达每小时65千米以上，与赛马相当。它可以一连两三天不喝水，所以它能在沙漠和干草原干燥的环境下生存。夏季时，蒙古野驴在地势较高的草地上生活，到了冬季便迁移到地势较低的地方，在那里寻找水源和鲜草。

蒙古野驴
（*Equus hemionus*）
肩高：最高可达1.4米
体长：最长可达3米

颊囊

原仓鼠以种子、谷物、草根、植物和昆虫为食。夏末时，原仓鼠将大量食物储藏于它在干草原下挖出的洞穴网络中，它有特殊的颊囊，可以把食物送到洞中。据说仓鼠可储藏近65千克的食物。冬季时，原仓鼠在洞中冬眠，常常会醒来吃些点心。

原仓鼠
（*Cricetus cricetus*）
体长：最长可达34厘米
尾长：最长可达6厘米

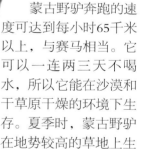

荒漠巨蜥
（*Varanus griseus*）
体长：最长可达1.3米

巨蜥

荒漠巨蜥几乎无所不食，它的捕猎对象既包括其他的蜥蜴和龟类，也有鸟类和啮齿动物，有时它甚至吞食自己的幼子。它像蛇一样将猎物整个吞下。荒漠巨蜥为了吓退敌人，会发出响亮的咝咝声，并左右摇摆它强壮的尾巴；它也会咬敌人。

鹅喉羚
（ *Gazella subgutturosa* ）
肩高：最高可达75厘米

兔狲（ *Otocolobus manul* ）
体长：最长可达65厘米
尾长：最长可达35厘米

高鼻羚羊
（ *Saiga tatarica* ）
肩高：最高可达80厘米
体长：最长可达1.7米

鼻子过滤器

高鼻羚羊有个柱状的大鼻子，它的鼻孔朝下，鼻腔中有特殊的鼻毛和腺体，可以过滤沙子和灰尘。1000年前，干草原上有大群的高鼻羚羊。不幸的是，由于雄羚羊的角可以入药，因此很多的羚羊遭到猎杀。在偷捕和疾病的影响下，这个物种已经濒临灭绝。

麂皮外衣

由于鹅喉羚的毛皮常被用来制成麂皮服装，因此它们几乎被捕猎殆尽。现在它们已经被列为保护动物了。它们在吃草时会将草的种子踩入土中，以自己的粪便施肥，并清理地面，让新芽萌生，使干草原能生生不息。

毛茸茸的猫

兔狲全身长着又长又密的毛，腹部的毛尤其浓密，以借此抵御寒冷。兔狲的头部扁平，双眼几乎长在额头上，这使它的头不需要抬起，就能够看到岩石上方有无猎物，而不会被发现。兔狲在黎明和黄昏时外出捕食鸟类及小型哺乳动物，如老鼠和兔子。

里海

大鸨
草原雕
干草原
高鼻羚羊
白条拟步行虫
荒漠巨蜥
地中海蜇
干草原
原仓鼠

干草原是由一大片平原形成的，草原上树木极少。草是主要的植物。

干草原
兔狲
长耳跳鼠
戈壁沙漠
蒙古野驴
鹅喉羚
双峰驼
天山黄鼠

喜马拉雅山脉

恒河

印度

戈壁沙漠石砾遍布，还有盐沼与消失于沙漠中的溪流。

孟加拉湾

公里
0　400　800　1200

0　250　500　750
英里

长耳跳鼠
（ *Euchoreutes naso* ）
体长：最长可达12厘米
尾长：最长可达20厘米

长腿跳跃高手

长耳跳鼠能靠它强壮的后腿高速跳跃，同时利用它的簇状长尾巴保持平衡。长耳跳鼠的耳朵很大，能够听到危险接近。它会在凉爽的夜晚钻出洞穴，寻找植物、野草种子和昆虫。长耳跳鼠很少喝水，可以依靠食物中的水分维持生命。

大鸨（ *Otis tarda* ）
体长：最长可达1米

爱炫耀的雄鸟

每到春季，雄性大鸨便会进行一场精彩的求偶表演。它会胀大脖子，将尾巴翘到背上，并张开翅膀，在身体两侧展成两个巨大的白色蔷薇花形。尽管大鸨常常行走或奔跑，但它仍是体形最大的一种飞鸟。尽管它的移动速度很快，但它的英文名称极有可能是慢鸟的意思。

戈壁沙漠中一处稀有水源附近的沙漠植物。

白条拟步行虫（ *Sternodes caspicus* ）
体长：最长可达3厘米

以条纹伪装

白条拟步行虫背上的白色条纹有助于它掩藏行踪。这可以形成一种伪装，使它的天敌无法在沙中发现它。它的壳很厚，体形小巧，因此可以减少水分的流失，使它能够在炎热的沙漠中生存。

天山黄鼠
（ *Spermophilus relictus* ）
体长：约27厘米

忙碌的掘洞者

欧洲和亚洲的天山黄鼠有时都被称为地鼠，天山黄鼠生活在亚洲中西部的天山山脉山地草原洞穴中，海拔2800米以下每个洞穴都有一个通往巢室的单一隧道。天山黄鼠在秋冬季节冬眠，在春季里繁殖。

喜马拉雅山脉

喜马拉雅山脉由连绵不断的庞大山岭组成，总计长达2450千米。喜马拉雅山脉包括许多世界著名的高峰，其中很多山峰峰顶常年为冰雪覆盖。它将其北面凉爽的亚洲地带，与印度北部的热带地区分隔开来。喜马拉雅山脉有许多不同类型的动物栖息地：山脚下是热带森林，较高处有杜鹃花、竹林和草地，高耸的峰顶下则是寒冷的冻原区。

在山顶上，只有昆虫能够生存。它们以被强风从印度平原吹来的植物孢子、花粉和其他昆虫为食。多数动物住在山下的森林中和草地上。为了抵御寒冷、强风以及稀薄的空气，山区动物都长有厚厚的毛皮和发达的肺脏。许多动物，如雪豹和山羊，一到冬季便迁到无雪的低处坡地和山谷。其他动物如土拨鼠和熊，则在最冷的几个月里冬眠。

优雅的跳跃者

印度灰叶猴的动作优雅，它在林木间一跳可达9米。它的长尾巴可帮它在跳跃时保持平衡。印度灰叶猴以嫩叶、水果和花为食，它有着构造复杂的胃和突出的牙齿，以便消化这些不易消化的食物。印度灰叶猴被称为"哈努曼"，意思为印度猴神，它在印度被视为一种神圣的动物。

多尾凤蝶
（ *Bhutanitis lidderdalii* ）
翅展：最长可达11厘米

印度灰叶猴
（ *Semnopithecus entellus* ）
体长：最长可达1米
尾长：最长可达1米

绚丽的色彩

多尾凤蝶生活在海拔1500~2700米的喜马拉雅森林中。它的暗色花纹翅膀能够与树荫交融，为自己提供伪装。下雨的时候，它会将自己的翅膀折叠，隐藏翅膀上的颜色，以避免被发现。

高山的猎手

在山区海拔5500米处，强壮的雪豹以猎食野生绵羊和山羊为生。冬季时，雪豹会跟随它的猎物迁徙到森林。雪豹能大步跃过溪谷。它那又长又厚的毛有助于保持温暖，宽大的脚掌则可使它不至于陷入雪中。成年的雪豹通常独居，并在自己的大片领地上游荡。

血雉
（ *Ithaginis cruentus* ）
体长：约46厘米

雪豹
（ *Panthera uncia* ）
体长：最长可达1.3米
尾长：约90厘米

红色条纹

血雉的名字源自雄鸟羽毛上的红色条纹。这些鲜艳的色彩可以帮助它吸引雌鸟进行交配。雌鸟全身长着不起眼的棕色羽毛，在它孵卵时，这种颜色可成为一种保护色。血雉将巢建在大鹅卵石间杂草丛生的缝隙。它们以松树的嫩枝、苔藓、蕨类植物和地衣为食。

巨大的角

雄性北山羊的角十分巨大，在与其他雄性对手争斗时，它会用角和对方激烈地对撞。北山羊能够在崖壁上敏捷地跳来跳去，而躲过大部分的天敌。它身上的厚毛能帮助它抵御冬季恶劣的天气，不过冬季时，它也会迁徙到地势较低的地区。

北山羊
（ *Capra sibirica* ）
肩高：约1米

印度河
捻角山羊
喜马拉雅鬣羚
高山兀鹫
印度灰叶猴
北山羊
黑熊喜马拉雅亚种
野牦牛
萨特莱杰河
恒河
喜马拉雅
印度

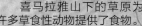
喜马拉雅山下的草原为许多草食性动物提供了食物。

喜马拉雅山脉的珠穆朗玛峰是世界最高峰。

螺丝锥般的角

捻角山羊是一种野生山羊。它的角巨大而弯曲，有的可长到1.2米长。雄山羊和雌山羊都有角，但雌山羊的角较小。夏季时，捻角山羊的毛短而光滑，到了冬季，这些毛会变得较长，以抵御严寒。冬季时，捻角山羊也会迁到山下较暖的地带。由于遭到猎杀和感染上家畜传播的疾病，捻角山羊曾几近绝种，但现在数量已经有所增加。

捻角山羊
（ Capra falconeri ）
体长：最长可达1.9米
尾长：最长可达14厘米

火鸟

火尾绿鹛的翅膀和尾巴上有红色的斑点，这使它看起来好像着了火似的。雌鸟身上的红色斑点不如雄鸟鲜艳。这种鸟的体形很小，分布在尼泊尔山区的常绿森林中。它以吸食树汁和花蜜为生，也吃昆虫和蜘蛛。

火尾绿鹛
（ Myzornis pyrrhoura ）
体长：最长可达13厘米

羚牛
（ Budorcas taxicolor ）
体长：最长可达2.4米
尾长：约10厘米

黑熊喜马拉雅亚种
（ Ursus thibetanus laniger ）
肩高：约90厘米
体长：最长可达2米

冬眠

在寒冷的冬季，喜马拉雅旱獭躲在它那既温暖又安全的洞穴中冬眠。喜马拉雅旱獭是群居动物，而且总会有一只喜马拉雅旱獭为大家站岗放哨，以便在有危险时向同伴示警。喜马拉雅旱獭以植物为食，并在清早时出外觅食。

喜马拉雅旱獭
（ Marmota himalayana ）
体长：最长可达80厘米
尾长：最长可达16厘米

野牦牛
（ Bos mutus ）
肩高：约2米
体长：约3米

健壮的腿

羚牛有粗壮的腿和宽大的蹄子，可帮助它攀爬陡峭的山坡。夏季时，大群的羚牛生活在山上茂密的杜鹃林和竹林中；冬季时，它们则迁移到山下的谷地中。它们身上厚厚的毛皮有助于保持体温。小羚牛出生仅3天，便能跟随母羚牛在山坡上跑来跑去。

长毛外衣

野牦牛全身长着一层又长又厚的牛毛，牛毛长得几乎垂到地上。长长的牛毛下还长着一层短而密的绒毛，可使野牦牛抵御冬季刺骨的低温。春季时，这层绒毛会脱落，浑身看起来乱蓬蓬的。野牦牛虽然体形庞大，行动却极为敏捷稳健。野牦牛生活在高山苔原、高寒草原和海拔4000~6100米的高寒荒漠草原。

贪睡的黑熊

黑熊喜马拉雅亚种生活在海拔较低的山坡森林地区。它是攀爬高手，也是游泳健将，有时它会将身体蜷成一个圆球滚下山坡。冬季时，黑熊喜马拉雅亚种会转移到全年都有食物的山脚处，而它的近亲亚洲黑熊则会进入冬眠状态。

高山兀鹫
（ Gyps himalayensis ）
体长：最长可达1.1米
翼展：最长可达2.9米

火尾绿鹛　血雉

多尾凤蝶　羚牛

雪豹

雅　山　脉

恒河

山坡上的树木会吸收雨水，使土壤不会流失。

啃尸能手

由于山区气候恶劣，喜马拉雅山上随处可见动物尸体，这为高山兀鹫提供了充足的食物。一群高山兀鹫能在20分钟之内，将一只羚羊大的小型动物吃得只剩下骨头。有时，它们一次吃得太多，几乎都飞不动了。

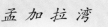
孟加拉湾

远东

在中国这个幅员辽阔的地区，夏天受潮湿的夏季季风控制，冬天则受到由北极吹来的刺骨的冷风影响。中国境内有超过一半地区是山地和沙漠，南部有热带雨林，这些自然环境为大熊猫和西伯利亚虎等世界上最稀有的动物提供了安全的栖息地。中国也有多种鸟类，特别是雉鸡和鹤类。中国东部的土地都经过细密的耕种，以便为10多亿人口提供充足的粮食。

日本各岛接近中国东海岸。日本夏暖冬凉，降雨充足。尽管人口密集，但仍有不少阔叶林。

热水浴

日本猕猴过着群居生活，每群由一只公猴统领，最多可达40只。由于日本猕猴生活在日本北部寒冷多雪的山区，它们学会了在火山温泉中洗热水浴，以此在冬季保持身体温暖。它们会坐在温泉中，让热水一直浸到脖子。它们身上厚厚的毛也有助于保暖。这种聪明的猴群有时还会在进食前先将食物洗净。

日本猕猴（Macaca fuscata）
体长：最长可达73.7厘米
尾长：最长可达72厘米

梅花鹿（Cervus nippon）
肩高：最高可达110厘米

以竹子为食

大熊猫主要以竹子为食。它每天要吃掉大约几百根竹子，一天有16个小时在进食。它的第一个手指头下长有一个特别的突起物，以便于它抓住竹子。它的喉咙中有一层硬皮，使它不至于被锋利的竹片划伤。大熊猫生长在中国西南部多雾的山林中，每只大熊猫都生活在各自的领地上。它的毛皮厚实且防水，可使身体保持温暖干燥。刚出生的大熊猫浑身粉红色，双眼还看不到东西，毫无自主能力。它们要到3个月大时才开始学步，1岁时才能独立行走。

大熊猫（Ailuropoda melanoleuca）
体长：最长可达1.8米
尾长：最长可达14厘米

白暨豚
（Lipotes vexillifer）
体长：最长可达2.5米

白色的警告

梅花鹿的臀部有一片白色的毛，一旦受惊，它会抖动这片白毛。这是在向其他梅花鹿示警。夏季时，梅花鹿全身长出栗色带有白色斑点的毛，可使它在树丛间不易被发觉。但到了冬季，它会长出颜色更深的毛，而大部分白色斑点则会消失。梅花鹿十分健壮，曾被引进世界各地许多公园和森林中养殖。

树鼩（Tupaia belangeri）
体长（包括头部）：
最长可达21厘米
尾长：最长可达20厘米

红腹锦鸡
（Chrysolophus pictus）
体长：最长可达1.2米

恐龙时代

树鼩长得很像几百万年前，在恐龙时代最早演化而成的哺乳动物。它们活泼好动，不断用又尖又长的鼻子嗅来嗅去。树鼩成双成对生活，它们将巢建在地上或树根中。雄树鼩喉咙中的腺体会发出一种强烈的气味，它们借此标示出领土范围。

求偶项圈

雄性红腹锦鸡的脖子上长着一圈绚丽的羽毛，求偶时，它会展示这层羽毛以吸引雌鸡。它将这层金色的羽毛向前展开，像扇子一样罩住自己的嘴。红腹锦鸡生活在中国中部的森林中。它们在地面上筑巢，由雌鸡坐在蛋上，保持蛋的温度，雄鸡则不插手。雏鸡一破壳就能自己取食食物，一周以后便能够飞行。

回声探测器

白暨豚（或称中华江豚）是少数几种淡水豚类之一，然而，它的数量极其稀少，它可能已经灭绝了。白暨豚的视力极差，为了寻找食物，它会先发出高频率的音波，然后等待音波反射回来。从反射时间的长短，白暨豚便能知道物体的形状和距离。白暨豚有130颗尖利的牙齿，专门用来捕捉鱼类。它还会把长长的吻伸进泥里寻找小虾。

爬树的熊猫

小熊猫只在夜间出没，它用它那锋利的爪子在林间快速地爬来爬去。它主要以竹笋、草根、草和果实为食。它常会像猫一样为自己梳洗打扮。它先舔湿一只脚，再用这只湿脚擦遍全身毛皮。几个月大的小熊猫已会照料自己，但仍会和妈妈一起生活1年以上。

小熊猫（Ailurus fulgens）
体长：最长可达64厘米
尾长：最长可达48厘米

西伯利亚虎

梅花鹿

太 平 洋

日本猕猴

日 本 海

日 本

横越中国的黄河由于水中含有大量泥沙，因此河水呈黄色。

朝鲜半岛

黄河

中 国

大熊猫

小熊猫

林麝

红腹锦鸡

扬子鳄

长江

白暨豚

洞庭湖

鄱阳湖

东 海

日本大鲵

日本大鲵
（Andrias japonicus）
体长：最长可达1.5米

日本约有70%的土地山林茂密。

远古的庞然大物

体形硕大的日本大鲵是世界上第二大两栖动物，仅小于中国大鲵。早在3亿年前，地球上便出现了类似的日本大鲵，不过现存的大多数日本大鲵体形要小得多。日本大鲵生活在冰冷的溪流中，靠身体两侧的皮肤从水中吸取氧气。它也会游到水面用肺呼吸。

树鼩

南 海

台湾岛

海南岛

中国西南部的四川省有大片竹林，是稀有动物大熊猫的栖息地。

西伯利亚虎
（Panthera tigris altaica）
体长：最长可达4米
尾长：最长可达90厘米

最大的猫科动物

西伯利亚虎，又称东北虎，是最大和最稀有的大型猫科动物。西伯利亚虎比生活在印度和印尼的老虎体形更大，毛更厚，颜色则较淡。野生西伯利亚虎现在可能只剩下几百只。虎是独居动物，以气味、粪便和用爪子画出的记号，来标示自己的领地范围。它们也会大声咆哮，警告其他老虎不许靠近。虎的叫声在3千米以外就能听得到。虎在夜间出没，捕食野猪、鹿和森林中的其他动物。

制造香水的胃

雄性林麝的胃部下端有一个特殊的腺体，每到繁殖季节，腺体便会产生一种称为麝香的分泌物，味道很浓。为了获得麝香，许多林麝遭到捕杀。人们用这种麝香制造香水。林麝的犬齿长约7厘米，从嘴角两边露出来。到了繁殖季节，雄性林麝会用这些牙齿互相撕打，并用脖子互相较量。

稀有的爬行动物

扬子鳄生性胆小，由于它们赖以生存的沼泽地带遭到破坏，加上人们为进行人工养殖而大量捕捉，它们现在已面临绝种的危险。今天，只有在中国东部的长江下游还可以找到它们，而且可能只剩下不到200只。在寒冷干燥的冬季，扬子鳄在岩洞或地下洞穴中冬眠。它们在春季醒来后进行交配，繁衍后代。扬子鳄以螺类、蛤类、鼠类和昆虫为食。

林麝
（Moschus berezovskii）
体长：最长可达84厘米
尾长：最长可达5厘米

扬子鳄
（Alligator sinensis）
体长：最长可达2.2米

东南亚和印度

印度的气候随着季风而产生季节性的变化。夏季时，季风会带来狂风暴雨。冬季时，这里则既干燥又凉爽。

印度有不同类型的动物栖息地，既有沿海地区的红树林沼泽地，又有开阔的平原地带、灌木丛地带和内陆阔叶林区。印度是远东与中东动物的交会处。因此印度有许多动物，如大象和犀牛等，和东南亚或非洲的许多动物极为相似。

大体而言，东南亚的气候终年温暖潮湿，热带雨林极为茂盛。许多动物住在冠层，因为那里的光线、水和食物较为充足。一些动物如猫猴等，则以皮膜当作翅膀，在林间滑翔。这里还有和人类血缘最近的动物——猩猩，以及许多昆虫，其中有很多体形大得吓人的动物。由于建造农场和房舍，很多原始森林现已遭到砍伐，许多动物因此面临绝种的危险。像爪哇犀牛等稀有动物，只有在印度尼西亚群岛的偏远地区，才能寻到它们的踪迹。

亚洲貘
（ Tapirus indicus ）
肩高：约1米
体长：最长可达3米

公里
0　200　400　600　800　1200
英里
0　150　300　450　600

"戴头巾"的毒蛇

眼镜王蛇的毒腺特别发达。若被它咬上一口，一头大象在4小时之内就会死亡，人会在15～20分钟内丧命。眼镜王蛇通常十分安静，但当保护自己的卵时，它会变得极富攻击性。为了吓退敌人，它会发出咝咝声，抬起身体前部，并将脖子周围的皮肤扩张成头巾状。

眼镜王蛇
（ Ophiophagus hannah ）
体长：最长可达5.9米

灵巧的鼻子

亚洲貘的鼻子很长，它用鼻子拔取森林植物的嫩芽、芽苞和果实来吃。亚洲貘生性很胆小，它多在夜间出没，在浓密的矮树丛间，在熟悉的路径快速穿行。它的水性不错，为逃避敌人，它有时会突然跳入水中。

亚洲象（ Elephas maximus ）
体长：最长可达7.9米
肩高：最高可达3.2米

有眼睛的翅膀

乌桕大蚕蛾的翅膀上有像眼睛一样的斑点，它能转移敌人的注意力，使敌人忽略它身体其余的部分。例如，鸟类常会啄它翅膀上的"眼睛"，而不会啄它真正的眼睛。雄性皇蛾长有很大的羽状触角，能嗅到准备交配的雌蛾所发出的气味。这可以帮助它在林中找到雌蛾。

乌桕大蚕蛾
（ Attacus atlas ）
翅展：最长可达30厘米

找出差异

亚洲象（或称印度象）与非洲象极为相似，不过它们的耳朵较小，背部较为隆起，后脚有4个脚趾而不是3个。只有一部分亚洲公象长有象牙，而且通常比非洲象的象牙短。亚洲象过群居生活，由血缘关系接近的象组成象群，并由一只年长的母象统领。象群在白天天气最热的时候休息，其余时间则一直在寻找食物吃。

一身盔甲

印度犀的皮很厚，上面长有很多疙瘩，关节处还有深深的皱褶，这使它看起来好像穿了一件盔甲。这层皮肤可使它不会被多刺的林中植物划伤。印度犀通常独来独往，并喜欢靠近水边生活，因为它常常洗澡。由于犀牛角可作为中药，因此犀牛被人们大肆猎杀，已成为濒危物种。

印度犀
（ Rhinoceros unicornis ）
体长：最长可达4.1米
肩高：最高可达1.8米

印度北部的森林是许多动物和鸟类的栖息地。

伊洛瓦底江

凹脸蝠

东

拉

湾

乌桕大蚕蛾

亚洲貘

从空中鸟瞰加里曼丹岛上雨林的景象。

南

亚

湄公河

长鼻猴

在印度和东南亚许多岛屿的沿海地区,有大片的红树林沼泽地。

加里曼丹岛

弹涂鱼

苏门答腊岛

婆罗洲猩猩 猫猴

苏拉威西岛

科莫多巨蜥

羽毛扇

为了吸引雌孔雀,雄性蓝孔雀会张开它的长尾羽,形成一个巨大抖动的扇面。羽毛上圆瞪着的大"眼睛",可能令雌孔雀着迷不已,从而愿意与雄孔雀交配。在繁殖季节,雄孔雀会保卫自己的领地,与其他雄孔雀战斗,而不让其他雄孔雀侵犯。战斗会持续一整天,甚至更久的时间,但通常双方都不会受伤。繁殖季节一过,雄孔雀尾巴上的羽毛便会自行脱落。

巨龙

稀有的科莫多巨蜥是世界上最大的蜥蜴。它以小鹿、猴子、山羊和小水牛为食,它甚至曾袭击和杀死过人。科莫多巨蜥的头骨富有弹性,因此它能够吞下一大块食物。它那鲜黄的舌头伸进伸出,以品尝食物和嗅闻气味。

蓝孔雀（ *Pavo cristatus* ）
体长:最长可达2.3米
翼展:最长可达1.6米

科莫多巨蜥
（ *Varanus komodoensis* ）
体长:最长可达3.1米

皮膜翅膀

猫猴可以凭借其上肢、下肢以及尾巴间一块薄薄的皮膜"翅膀",在雨林中从一棵树滑翔到另一棵树。猫猴在爬上树干时显得笨手笨脚,这是因为合起来的皮膜翅膀妨碍它的行动。猫猴在地面上毫无自主能力,甚至不能站立。当母猫猴在树丛中滑翔时,小猫猴便紧紧贴在它的肚皮上。

猫猴
（ *Galeopterus variegatus* ）
体长:最长可达70厘米
尾长:最长可达27厘米

凹脸蝠
（ *Craseonyeteris thonglongyai* ）
体长:最长可达3.3厘米
翼展:最长可达17厘米

最小的哺乳动物

凹脸蝠是世界上最小的哺乳动物。它们有时被称作"熊蜂蝙蝠",因为它们的体形和熊蜂差不多。凹脸蝠是一种极为稀有的蝙蝠,它们主要生活在泰国雨林区少数孤立的山洞中。1973年,科学家首次发现这种动物。这种蝙蝠的鼻子类似猪鼻,这可能有助于它捕捉树叶上的昆虫和其他无脊椎动物。

会走路的鱼

弹涂鱼的鳍十分肥厚,它会利用这像手臂一样的鳍,帮助它在红树林沼泽的泥浆中挪动身躯前行。它也能猛弯身体背部,在泥浆之中"蹦跃"。涨潮时弹涂鱼会爬上树,利用两个相连的尾鳍所形成的"吸盘",吸附在树枝上。

长鼻猴
（ *Nasalis larvatus* ）
体长:约76厘米
尾长:约76厘米

弹涂鱼
（ *Periophthalmus chrysospilos* ）
体长:最长可达12.9厘米

婆罗洲猩猩
（ *Pongo pygmaeus* ）
身高:最高可达1.5米

鼻子扩音器

雄性长鼻猴的鼻子很大,在进食时显得很碍事。当一只雄性长鼻猴大叫警告其他猴子有危险时,它的鼻子或许可以发挥扩音器的作用。长鼻猴每发出一声喊叫,它的鼻子便会挺直,而当它发怒或激动时,鼻子则会胀大或变红。长鼻猴身手十分敏捷,能够用它长长的尾巴保持平衡,在红树林中跳来蹦去,长长的手指和脚趾则可帮助它抓住树枝。

悬吊的长臂

婆罗洲猩猩,也叫红毛猩猩,它肌肉发达,手臂非常长,长到可垂至脚踝骨。它以长臂快速地在树丛间荡来荡去。在地面上,婆罗洲猩猩可以直立站起,也可用四肢行走。夜晚,它睡在用枯枝在树上搭成的巢中。

大洋洲　澳大利亚内地

澳大利亚内地如沙漠般干旱的平原占澳大利亚面积的 2/3 以上。大部分地区年降雨量不足 250 毫米。尽管一年中随时都可能下雨，但却经常有很长的干旱期，使得动物难以生存。很多动物在洞穴中躲避白天的酷热，因为地下比较凉爽潮湿。一些小动物在夏季最热的时候躲在地下睡觉，这称为夏眠。许多内地动物可以在无水或少量水分的条件下生存。它们的身体已演化到可从食物中吸收及储存水分，在排尿时也不会流失很多水分。许多动物的后腿很长，使它们能迅速找到仅有的少量食物。

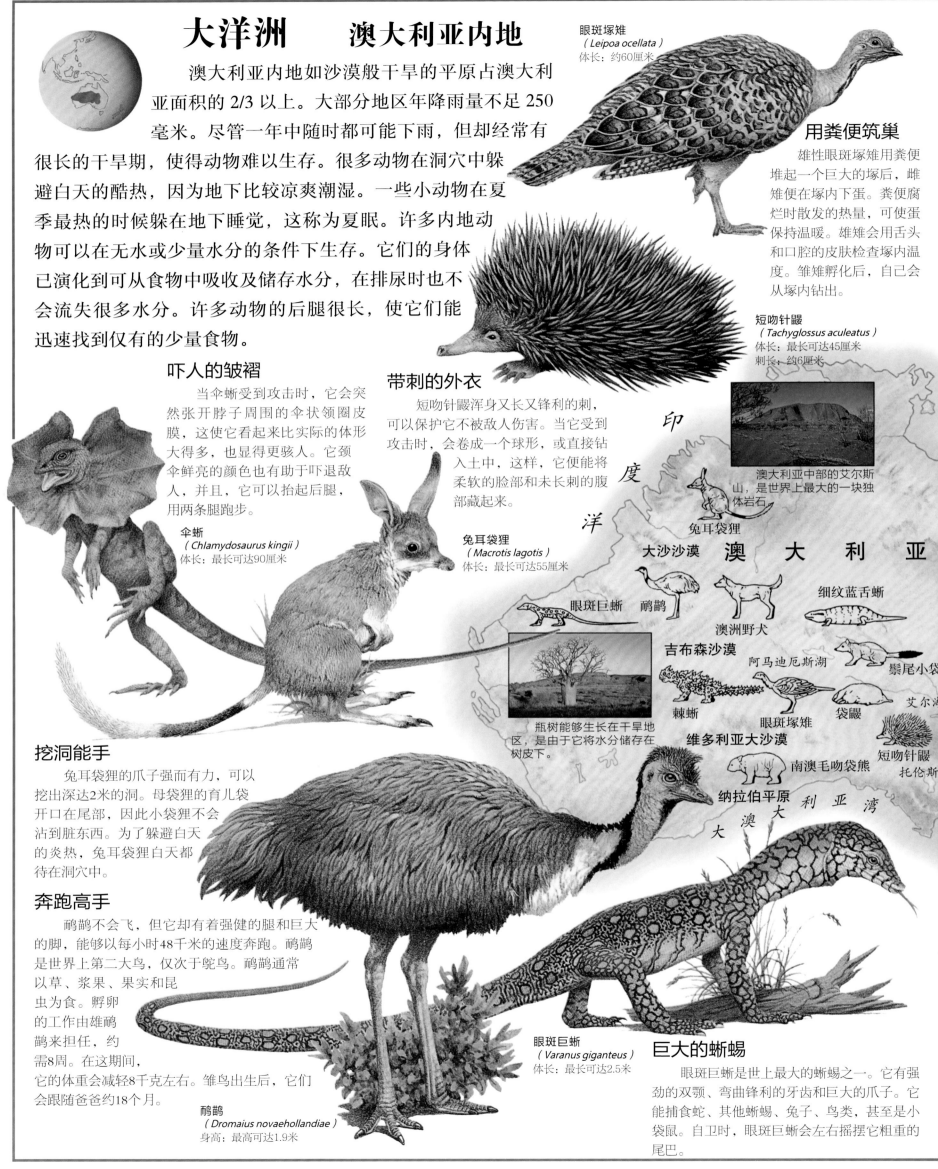

眼斑塚雉
（ Leipoa ocellata ）
体长：约60厘米

用粪便筑巢

雄性眼斑塚雉用粪便堆起一个巨大的塚后，雌雉便在塚内下蛋。粪便腐烂时散发的热量，可使蛋保持温暖。雄雉会用舌头和口腔的皮肤检查塚内温度。雏雉孵化后，自己会从塚内钻出。

短吻针鼹
（ Tachyglossus aculeatus ）
体长：最长可达45厘米
刺长：约6厘米

澳大利亚中部的艾尔斯山，是世界上最大的一块独体岩石

吓人的皱褶

当伞蜥受到攻击时，它会突然张开脖子周围的伞状领圈皮膜，这使它看起来比实际的体形大得多，也显得更骇人。它颈伞鲜亮的颜色也有助于吓退敌人，并且，它可以抬起后腿，用两条腿跑步。

伞蜥
（ Chlamydosaurus kingii ）
体长：最长可达90厘米

带刺的外衣

短吻针鼹浑身又长又锋利的刺，可以保护它不被敌人伤害。当它受到攻击时，会卷成一个球形，或直接钻入土中，这样，它便能将柔软的脸部和未长刺的腹部藏起来。

兔耳袋狸
（ Macrotis lagotis ）
体长：最长可达55厘米

印度洋

澳大利亚
大沙沙漠
眼斑巨蜥　鸸鹋　澳洲野犬　细纹蓝舌蜥
吉布森沙漠
阿马迪厄斯湖　髭尾小袋
棘蜥　眼斑塚雉　袋鼹　艾尔斯
维多利亚大沙漠
南澳毛吻袋熊　短吻针鼹
托伦斯
纳拉伯平原　大澳大利亚湾

瓶树能够生长在干旱地区，是由于它将水分储存在树皮下。

挖洞能手

兔耳袋狸的爪子强而有力，可以挖出深达2米的洞。母袋狸的育儿袋开口在尾部，因此小袋狸不会沾到脏东西。为了躲避白天的炎热，兔耳袋狸白天都待在洞穴中。

奔跑高手

鸸鹋不会飞，但它却有着强健的腿和巨大的脚，能够以每小时48千米的速度奔跑。鸸鹋是世界上第二大鸟，仅次于鸵鸟。鸸鹋通常以草、浆果、果实和昆虫为食。孵卵的工作由雄鸸鹋来担任，约需8周。在这期间，它的体重会减轻8千克左右。雏鸟出生后，它们会跟随爸爸约18个月。

鸸鹋
（ Dromaius novaehollandiae ）
身高：最高可达1.9米

眼斑巨蜥
（ Varanus giganteus ）
体长：最长可达2.5米

巨大的蜥蜴

眼斑巨蜥是世上最大的蜥蜴之一。它有强劲的双颚、弯曲锋利的牙齿和巨大的爪子。它能捕食蛇、其他蜥蜴、兔子、鸟类，甚至是小袋鼠。自卫时，眼斑巨蜥会左右摇摆它粗重的尾巴。

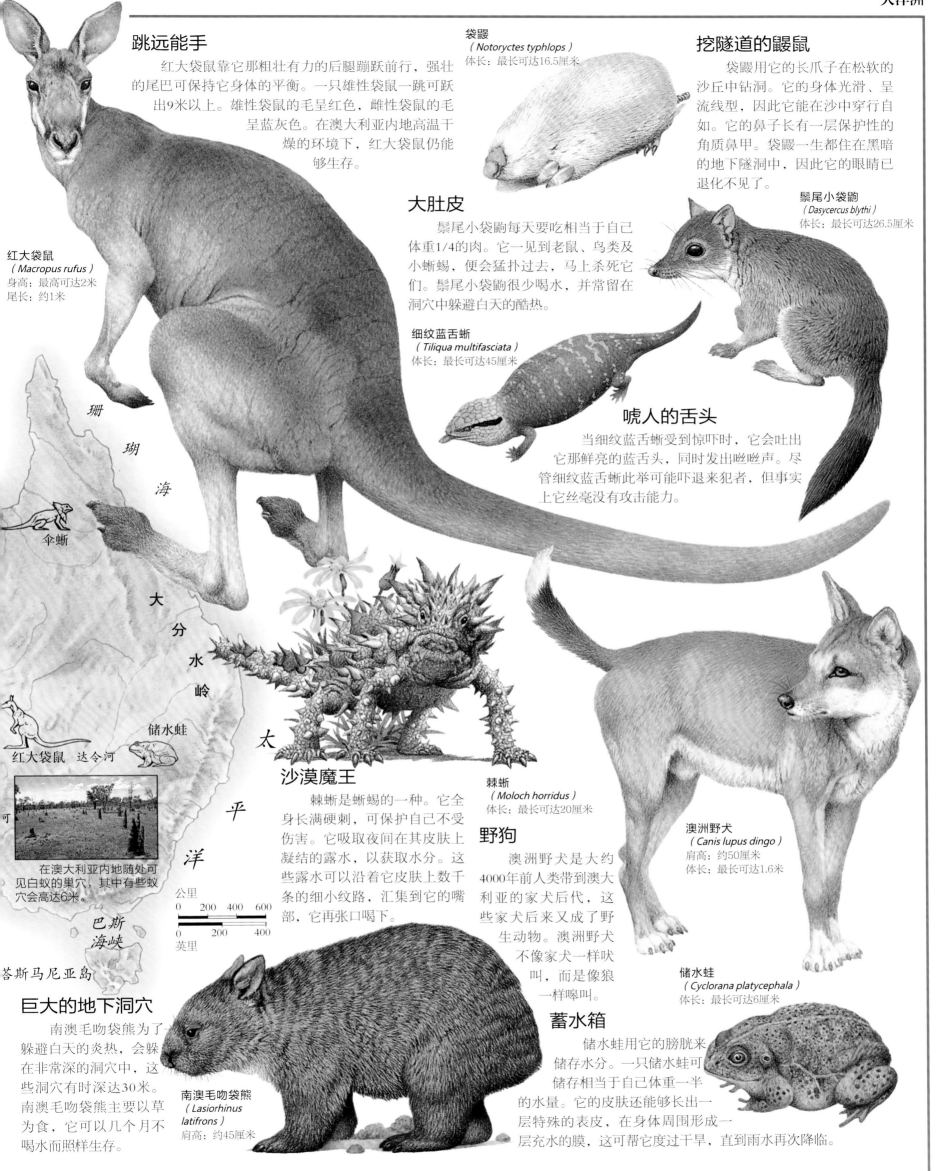

跳远能手

红大袋鼠靠它那粗壮有力的后腿蹦跃前行，强壮的尾巴可保持它身体的平衡。一只雄性袋鼠一跳可跃出9米以上。雄性袋鼠的毛呈红色，雌性袋鼠的毛呈蓝灰色。在澳大利亚内地高温干燥的环境下，红大袋鼠仍能够生存。

红大袋鼠
（ *Macropus rufus* ）
身高：最高可达2米
尾长：约1米

袋鼹
（ *Notoryctes typhlops* ）
体长：最长可达16.5厘米

挖隧道的鼹鼠

袋鼹用它的长爪子在松软的沙丘中钻洞。它的身体光滑、呈流线型，因此它能在沙中穿行自如。它的鼻子长有一层保护性的角质鼻甲。袋鼹一生都住在黑暗的地下隧洞中，因此它的眼睛已退化不见了。

大肚皮

鬃尾小袋鼩每天要吃相当于自己体重1/4的肉。它一见到老鼠、鸟类及小蜥蜴，便会猛扑过去，马上杀死它们。鬃尾小袋鼩很少喝水，并常留在洞穴中躲避白天的酷热。

鬃尾小袋鼩
（ *Dasycercus blythi* ）
体长：最长可达26.5厘米

细纹蓝舌蜥
（ *Tiliqua multifasciata* ）
体长：最长可达45厘米

唬人的舌头

当细纹蓝舌蜥受到惊吓时，它会吐出它那鲜亮的蓝舌头，同时发出咝咝声。尽管细纹蓝舌蜥此举可能吓退来犯者，但事实上它丝毫没有攻击能力。

珊瑚海

大分水岭

太平洋

伞蜥

红大袋鼠 达令河 储水蛙

在澳大利亚内地随处可见白蚁的巢穴，其中有些蚁穴会高达6米。

公里
0 200 400 600
0 200 400
英里

巴斯海峡

塔斯马尼亚岛

沙漠魔王

棘蜥是蜥蜴的一种。它全身长满硬刺，可保护自己不受伤害。它吸取夜间在其皮肤上凝结的露水，以获取水分。这些露水可以沿着它皮肤上数千条的细小纹路，汇集到它的嘴部，它再张口喝下。

棘蜥
（ *Moloch horridus* ）
体长：最长可达20厘米

野狗

澳洲野犬是大约4000年前人类带到澳大利亚的家犬后代，这些家犬后来又成了野生动物。澳洲野犬不像家犬一样吠叫，而是像狼一样嗥叫。

澳洲野犬
（ *Canis lupus dingo* ）
肩高：约50厘米
体长：最长可达1.6米

巨大的地下洞穴

南澳毛吻袋熊为了躲避白天的炎热，会躲在非常深的洞穴中，这些洞穴有时深达30米。南澳毛吻袋熊主要以草为食，它可以几个月不喝水而照样生存。

南澳毛吻袋熊
（ *Lasiorhinus latifrons* ）
肩高：约45厘米

蓄水箱

储水蛙用它的膀胱来储存水分。一只储水蛙可储存相当于自己体重一半的水量。它的皮肤还能够长出一层特殊的表皮，在身体周围形成一层充水的膜，这可帮它度过干旱，直到雨水再次降临。

储水蛙
（ *Cyclorana platycephala* ）
体长：最长可达6厘米

热带雨林和森林

澳大利亚东北部繁茂的热带雨林与干旱的内陆地区截然不同。这里又热又潮湿，从古氏树袋鼠到美丽的新几内亚极乐鸟，许多珍奇的动物都在此找到了栖息地。新几内亚岛位于澳大利亚北部，是一座长约 2200 千米的大岛。在新几内亚多雾的山林中，也有类似的野生动物。

澳大利亚西南部和东南部是较凉爽干燥的尤加利树（又称桉树）林区，冬季为这里主要的降雨期。冬季和初春时，许多鸟类在这里筑巢。尤加利树及其他开花树木和灌木，为鹦鹉和蝙蝠等动物提供了大量的花蜜和花粉，同时，这些动物也帮助植物授粉，孕育种子。

西尖嘴吸蜜鸟
（ *Acanthorhynchus superciliosus* ）
体长：最长可达15.5厘米
嘴长：约3厘米

吃花蜜的鸟

西尖嘴吸蜜鸟用它长而弯的嘴寻食花蜜。它的舌尖长有一层刚毛，可帮助它吸食花蜜；它的舌头两侧可以往里卷成圆筒状，像吸管一样吸食花蜜。

剧毒

太攀蛇是世界上毒性最强的蛇类之一，一条太攀蛇体内所含的毒液足以杀死12.5万只老鼠。太攀蛇的毒牙长达1厘米，因此能将毒液深深注入受害者的体内。虽然太攀蛇多半很胆小，可是一旦受惊，就会变得异常凶猛。

漏斗网蜘蛛（ *Atrax robustus* ）
体长：最长可达3.5厘米

吐丝的杀手

漏斗网蜘蛛所住的洞口形似漏斗。它用蛛丝在洞口结网。漏斗网蜘蛛在夜间出没，捕食小动物、昆虫和其他猎物。它会用毒牙将毒液注入猎物体内。漏斗网蜘蛛毒性极强，是少数几种能使人毙命的蜘蛛之一。

太攀蛇（ *Oxyuranus scutellatus* ）
体长：最长可达3.3米

不打滑的脚板

古氏树袋鼠的爪子宽大且强健有力。它的脚底粗糙而不易打滑，爪子弯曲锋利，可帮助它爬树。它的长尾巴有助于它在树枝上保持平衡，当它在树枝间跳来跳去时，长尾巴又有控制方向的作用。

古氏树袋鼠
（ *Dendrolagus scutellatus* ）
体长：最长可达78厘米
尾长：最长可达91厘米

亚历山大女皇鸟翼凤蝶

新几内亚岛东部有茂盛的雨林植物。

虹彩吸蜜鹦鹉

塔纳米沙漠

舞蹈表演

虹彩吸蜜鹦鹉又蹦又啄翅，跳着怪异的舞蹈，以警告其他鹦鹉远离它的领地。求偶时，雄鸟也会以类似的舞蹈吸引雌鸟。

虹彩吸蜜鹦鹉
（ *Trichoglossus moluccanus* ）
体长：最长可达30厘米

澳大利亚沿海平原上生长着许多棕榈树。

澳　大　利

辛普森沙漠

阿马迪厄斯湖

艾尔斯山

艾尔湖

印度洋

阿什伯顿河

加斯科因河

托伦斯湖

盖尔德纳湖

毛皮降落伞

蜜袋鼯前后腿之间有一层皮膜。当它展开皮膜时，它能像一个真的降落伞，在树木之间滑行减速。它一次滑翔的距离可达50米以上。蜜袋鼯以昆虫、花蜜、果实和尤加利树蜜糖般的树液为食。

在澳大利亚大分水岭山区中的雨林。

袋食蚁兽

长吻袋貂

西尖嘴吸蜜鸟

大澳大利亚湾

德斯山脉

蜜袋鼯
（ *Petaurus breviceps* ）
体长：约17厘米
尾长：约20厘米

公里
0　200　400　600

0　200　400
英里

以树叶为食

树袋熊吃的东西极为特殊，它只吃某几种尤加利树的叶子。它的两腮长有颊囊，用来储存树叶。它的肠子特别长，以便消化树叶。树袋熊从所吃的食物中获取大部分所需的水分，因此它很少喝水。它的名字在当地土语中意为"从不喝水"。树袋熊善于爬树，它能用手指和脚趾紧紧抓住树枝，它的爪子则锋利如刀。

树袋熊
（ *Phascolarctos cinereus* ）
体长：最长可达82厘米

亚历山大女皇鸟翼凤蝶
（ *Ornithoptera alexandrae* ）
翅展：最长可达28厘米

最大的蝴蝶

亚历山大女皇鸟翼凤蝶是世界上最大的蝴蝶。由于人们大肆搜集和热带雨林遭到毁坏，这种蝴蝶现在已经很稀少了。这种蝴蝶通常会飞到有阳光射透的树林高处。

北部叶尾壁虎
（ *Saltuarius cornutus* ）
体长：最长可达25厘米

新几内亚极乐鸟
（ *Paradisaea raggiana* ）
体长：约34厘米

会隐身的动物

白天，在热带雨林长满青苔的树干上，北部叶尾壁虎伪装得可谓毫无破绽。它的身体扁平，因此几乎不会产生阴影；皮肤上的刺则令人无法辨认它的轮廓。

华丽的羽毛

为了和其他雄鸟竞争，赢得雌鸟青睐，雄性新几内亚极乐鸟会展示它一身漂亮的羽毛。它在展示羽毛时，有时会倒吊在树枝上。雌鸟外表则毫不起眼。

以花为食

长吻袋貂将它的长鼻子伸进花中寻食花粉、花蜜和昆虫。它的舌头又长又薄，并长有硬毛，以吸取食物。

长吻袋貂（ *Tarsipes rostratus* ）
体长：约8厘米

多牙的哺乳动物

袋食蚁兽的舌头很长。它用舌头舔食白蚁和蚂蚁。它约有50颗牙齿，比大多数陆生哺乳动物的牙齿都多。

蓝翅笑翠鸟
（ *Dacelo lleachii* ）
体长：最长可达45厘米

袋食蚁兽（ *Myrmecobius fasciatus* ）
体长：最长可达30厘米
尾长：最长可达20厘米

闹钟鸟

蓝翅笑翠鸟用它嘈杂、大笑般的叫声警告其他蓝翅笑翠鸟远离它的领地。蓝翅笑翠鸟常在黎明啼叫，而把人们吵醒。它们主要以老鼠、昆虫和小蛇为食。

内
亚
岛

几内亚极乐鸟

古氏树袋鼠

蜜袋鼯

太攀蛇

部叶尾壁虎

亚

树袋熊

蓝翅笑翠鸟

太

平

洋

大
分
水
岭

河令

累河

漏斗网蜘蛛

大堡礁

大堡礁位于澳大利亚东北部的海岸，全长将近2000千米，是世界上最大的珊瑚礁。大堡礁由许多称为珊瑚虫的微小动物构成。无数年来，死去的珊瑚虫留下的石灰质骨骼不断堆积，便形成暗礁。这一过程至今仍在继续进行。珊瑚礁只在太阳照得到的浅海中才能生成，不过，它们正因全球气候变暖遭到破坏。

许多动植物在珊瑚礁上觅食、生长。栖息在大堡礁的生物包括1500多种鱼、400多种珊瑚和4000多种软体生物。

有铰齿的壳

砗磲可重达250千克。它的壳由两个部分组成，中间以铰齿相连接。砗磲的壳通常是张开的，以便于取食。不过一旦遇到危险，它强有力的肌肉便会将两片壳迅速合拢。砗磲能够活上几百年。

砗磲（*Tridacna*）
壳长：最长可达1.37米

迷人的花纹

丝蝴蝶鱼身上艳丽的色彩和花纹，可帮助它们辨认同类的其他蝶鱼，并吸引配偶。为避免竞争，不同种的蝶鱼生活在珊瑚礁的不同地方，所吃食物也各不相同。

丝蝴蝶鱼（*Chaetodon auriga*）
体长：最长可达23厘米

有刺的触手

太阳花珊瑚看起来虽然像植物，但它其实是一种动物。它以触手上的小刺来捕捉水中微小的浮游生物。

太阳花珊瑚（*Tubastaea coccineo*）
直径：最长可达1.1厘米

珊瑚礁的破坏者

棘冠海星以珊瑚为食。进食时，它会将胃外翻，并在活珊瑚身上分泌消化液，最后吃到只剩下珊瑚的骨骼。一只海星一天内可吃掉1800平方厘米面积的珊瑚。这种动物对大堡礁的破坏极大。

棘冠海星（*Acanthaster planci*）
辐径：最长可达80厘米

特殊的朋友

巨型列指海葵的触手有毒，能够杀死它捕食到的小鱼。然而，生活在巨型列指海葵触手间的小丑鱼却不会遭到毒害，它在那儿很安全，不会受到天敌攻击，同时它还会引诱其他鱼类进入海葵的触手。

裂唇鱼（*Labroides dimidiatus*）
体长：最长可达14厘米

免费食物

裂唇鱼从珊瑚礁上的鱼类那儿得到免费食物。它以这些鱼身上的寄生虫（寄居在它们身上或体内的微小动物）和老化的鳞片为食。为避免被大鱼吃掉，它会翩翩起舞，向对方表明自己是朋友。

大堡礁海洋公园

砗磲

裂唇鱼

棘冠海星

大
堡
礁

约克角半岛

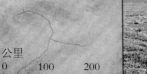
在水中看到的海百合、珊瑚和海绵。

澳 大 利 亚

公里
0　　100　　200

0　50　　100
英里

当珊瑚露出水面后，便失去了它们鲜艳的色彩。

巨型列指海葵和小丑鱼

大堡礁的面积非常大，连在月球上都可以看到。

丝蝴蝶鱼

太阳花珊瑚

大堡礁海洋公园

小丑鱼（*Amphiprion petcula*）
体长：最长可达11厘米

巨型列指海葵（*Stichodactyla gigantea*）
宽：最长可达80厘米

塔斯马尼亚

塔斯马尼亚岛曾是澳大利亚大陆的一部分，但现在已被巴斯海峡分隔开来。塔斯马尼亚气候凉爽潮湿，岛的西部有广大的热带雨林，是许多动物的栖息地。由于和大陆隔绝，这里的某些动物长得奇形怪状，或者演化成罕见的物种。许多稀有动物生活在西南部的戈登河和富兰克林河流域，塔斯马尼亚州也出现了物种入侵的情况，比如兔子和猫的入侵对该地区造成了一些困扰，但情况没有澳大利亚那么严重，相比之下，如何减少在森林地区的砍伐和采矿现象才是一个更严重的问题。

森林恶魔

袋獾的英文名称意为"塔斯马尼亚恶魔"，这个名称取自它黑色的毛皮及阴森可怕的悲嗥。这种动物有一副能咬碎骨头的双颚和牙齿，它会把猎物全吃掉，包括骨头、毛皮、表皮和羽毛。不过袋獾十分胆小，遇到人常常跑开。

稀有狼种

袋狼又称塔斯马尼亚狼，据说已经绝种，但在塔斯马尼亚的偏远地区，可能仍有少数袋狼存活。袋狼是有袋类哺乳动物，它的腿和牙齿与狗类似，而且也像狗一样哀鸣、吠叫和嗥叫。但是它的尾巴很粗，像袋鼠的一样。它能咬死和羊一般大小的动物。

勉强能飞

地栖鹦鹉多半待在地面上。它也能飞，但飞不过200米便落到地上。这种鹦鹉在夜间很活跃，因为这时很少有天敌出没。

地栖鹦鹉
（ Pezoporus Wallicus ）
体长：约30厘米

大嘴巴

斑尾袋鼬是有袋哺乳动物，通常在夜间外出觅食。它的嘴巴能张得很大，而且牙齿大而尖。斑尾袋鼬的后脚有锋利的爪子和粗糙的脚掌，有助于爬树。

在塔斯马尼亚西南部的富兰克林河沿岸，有繁茂的植物。

塔斯马尼亚有许多山区，林木十分茂盛。

斑尾袋鼬
（ Dasyurus maculatus ）
肩高：约30厘米
体长：约70厘米

骨质扁嘴

鸭嘴兽是一种十分特殊的哺乳动物，因为它会产卵。它的嘴为骨质结构，外覆一层皮肤。当它在水中游泳时，它会闭起双眼和耳朵，仅用其灵敏的嘴探索食物。大多数鸭嘴兽潜水时间较短，不会超过1分钟。

金岛

巴斯海峡

鸭嘴兽

麦金托什湖

大湖

塔斯马尼亚

印度洋

斑尾袋鼬

袋狼

红腹袋鼠

戈登河

地栖鹦鹉

袋獾

塔斯曼海

公里
0 20 40 60
0 10 20 30
英里

袋獾（ Sarcophilus harrisii ）
肩高：约30厘米
体长：最长可达91厘米

袋狼
（ Thylacinus cynocephalus ）
体长：约1.2米
尾长：约60厘米

红腹袋鼠
（ Thylogale billardierii ）
身高：约70厘米
尾长：约40厘米

鸭嘴兽
（ Ornithorhynchus anatinus ）
体长：最长可达63厘米
嘴长：约10厘米

掘洞袋鼠

红腹袋鼠是一种袋鼠，它会在缠结的矮木丛中打出通道。它们大规模群居，建造的通道纵横交错，就像兔子窝一样。当一只袋鼠受惊时，它会用后腿重击地面，警告其他袋鼠有危险出现。

新西兰

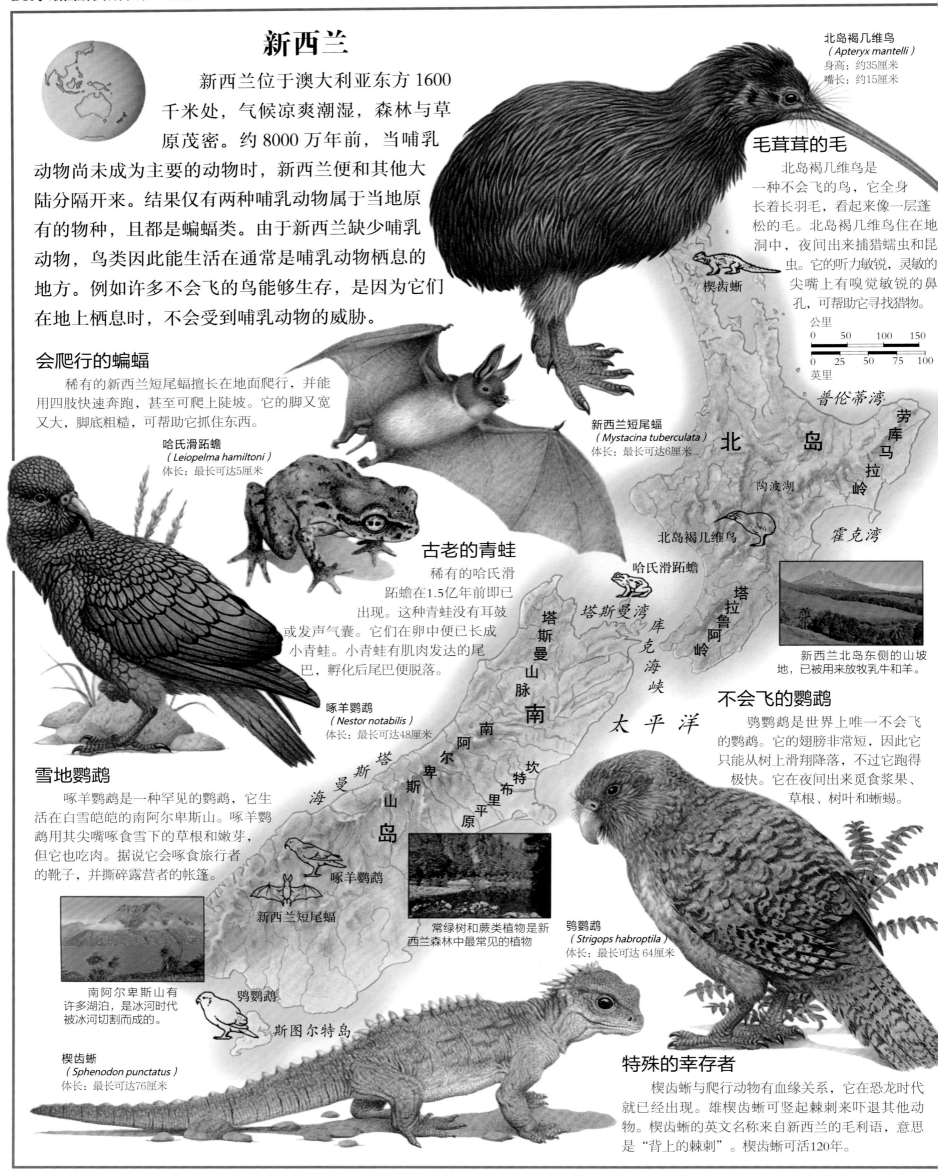

新西兰位于澳大利亚东方 1600 千米处，气候凉爽潮湿，森林与草原茂密。约 8000 万年前，当哺乳动物尚未成为主要的动物时，新西兰便和其他大陆分隔开来。结果仅有两种哺乳动物属于当地原有的物种，且都是蝙蝠类。由于新西兰缺少哺乳动物，鸟类因此能生活在通常是哺乳动物栖息的地方。例如许多不会飞的鸟能够生存，是因为它们在地上栖息时，不会受到哺乳动物的威胁。

会爬行的蝙蝠

稀有的新西兰短尾蝠擅长在地面爬行，并能用四肢快速奔跑，甚至可爬上陡坡。它的脚又宽又大，脚底粗糙，可帮助它抓住东西。

哈氏滑跖蟾
（ Leiopelma hamiltoni ）
体长：最长可达5厘米

古老的青蛙

稀有的哈氏滑跖蟾在1.5亿年前即已出现。这种青蛙没有耳鼓或发声气囊。它们在卵中便已长成小青蛙。小青蛙有肌肉发达的尾巴，孵化后尾巴便脱落。

啄羊鹦鹉
（ Nestor notabilis ）
体长：最长可达48厘米

雪地鹦鹉

啄羊鹦鹉是一种罕见的鹦鹉，它生活在白雪皑皑的南阿尔卑斯山。啄羊鹦鹉用其尖嘴啄食雪下的草根和嫩芽，但它也吃肉。据说它会啄食旅行者的靴子，并撕碎露营者的帐篷。

南阿尔卑斯山有许多湖泊，是冰河时代被冰河切割而成的。

楔齿蜥
（ Sphenodon punctatus ）
体长：最长可达76厘米

北岛褐几维鸟
（ Apteryx mantelli ）
身高：约35厘米
嘴长：约15厘米

毛茸茸的毛

北岛褐几维鸟是一种不会飞的鸟，它全身长着长羽毛，看起来像一层蓬松的毛。北岛褐几维鸟住在地洞中，夜间出来捕猎蠕虫和昆虫。它的听力敏锐，灵敏的尖嘴上有嗅觉敏锐的鼻孔，可帮助它寻找猎物。

楔齿蜥

新西兰短尾蝠
（ Mystacina tuberculata ）
体长：最长可达6厘米

公里
0　　50　　100　150
英里
0　25　50　75　100

普伦蒂湾

北岛

劳库马拉岭

陶波湖

北岛褐几维鸟

霍克湾

哈氏滑跖蟾

塔拉鲁阿岭

塔斯曼湾

库克海峡

塔斯曼山脉

南阿尔卑斯山脉

南岛

坎特布里平原

太平洋

新西兰北岛东侧的山坡地，已被用来放牧乳牛和羊。

不会飞的鹦鹉

鸮鹦鹉是世界上唯一不会飞的鹦鹉。它的翅膀非常短，因此它只能从树上滑翔降落，不过它跑得极快。它在夜间出来觅食浆果、草根、树叶和蜥蜴。

啄羊鹦鹉

新西兰短尾蝠

常绿树和蕨类植物是新西兰森林中最常见的植物

鸮鹦鹉
（ Strigops habroptila ）
体长：最长可达64厘米

斯图尔特岛

特殊的幸存者

楔齿蜥与爬行动物有血缘关系，它在恐龙时代就已经出现。雄楔齿蜥可竖起棘刺来吓退其他动物。楔齿蜥的英文名称来自新西兰的毛利语，意思是"背上的棘刺"。楔齿蜥可活120年。

南极洲

南极洲是世界上最冷、最孤立的大陆。南极的平均温度为零下 49 摄氏度。根据记载，冬季时，南极洲一片黑暗，气温降到零下 89.2 摄氏度。南极洲也是地球上风最大的地方，风速可达每小时 322 千米。南极洲大陆终年为冰帽覆盖，有些地方冰层厚达 4 千米。

在这样恶劣的环境下，只有少数小昆虫和蜘蛛能在陆上存活。但南极洲周围的海中却有丰富的食物，可供养大量的动物。夏季时，许多海豹、企鹅和其他海鸟都会到南极洲海岸觅食。

漂泊信天翁
（ *Diomedea exulans* ）
翼展：约3.5米

最长的翼展

漂泊信天翁是地球上翅膀最长的鸟类。它的双翅又长又窄，有助于它在海上连续数小时不费力地滑翔。它将巢筑在南方海域的孤岛上，以防敌人袭击。这种信天翁可活40年。

豹形海豹
（ *Hydrurga leptonyx* ）
体长：最长可达4米

神速的猎手

豹形海豹生活在浮冰的边缘。它游泳的速度极快，因此它能捉到小海豹、企鹅、鱼和磷虾来吃。豹形海豹可以吞食整只大型猎物。

蓝鲸（ *Balaenoptera musculus* ）
体长：最长可达33米

冬季生蛋

雌帝企鹅在冬季只产一枚蛋，此时南极洲整天黑漆漆的。它把蛋留给雄帝企鹅孵化，需时两个月。雄帝企鹅将蛋置于脚上，用脚上松弛多皱的皮肤盖在蛋上，以保持蛋的温度。

漂泊信天翁

最大的动物

蓝鲸是地球上现存体形最大的动物，它的体重是陆地上最大的动物——非洲象的20倍，甚至比最大的恐龙还大。蓝鲸以磷虾为食，它嘴中的角质骨片可把磷虾从海水中滤出。

蓝鲸

南极磷虾

帝企鹅（ *Aptenodytes forsteri* ）
身高：最高可达1.2米

羽状滤网

南极磷虾类似小虾。它们以微小的植物为食，其羽毛状的前腿可将植物从海水滤出。南极磷虾在南极洲十分重要，因为它们是许多动物的主要食物。

南极磷虾
（ *Euphausia superba* ）
体长：最长可达6.5厘米

南象海豹
（ *Mirounga leonina* ）
体长：最长可达6米

重量级海豹

南象海豹是体形最大的海豹，一头雄海豹最重可达4000千克。在繁殖季节，雄海豹会保卫一群雌海豹，遇到同类竞争者时，它便从鼻子上一个可充气的皮囊发出吼叫，以示挑战，皮囊有扩音器的作用。

南 极 圈

南 极 圈

南象海豹

威德尔海

南
极
半
岛

龙尼冰架

南
极
横
贯
南
极
山
脉

毛德皇后地

南极洲的冰量占全世界的90%。

南
极
洲

阿蒙森海

玛丽·伯德地

豹形海豹

罗斯冰架

罗斯海

夏季融雪时，有些陆地会露出来。

帝企鹅

南极洲海岸附近漂浮的庞大冰山。

动物奇观

最大的鸟
非洲鸵鸟是世界上最大的鸟，雄性鸵鸟身高可达2.8米，重达156千克。鸵鸟也是跑得最快的两足动物，跑步速度可达每小时72千米。

最大的动物
蓝鲸是海中最大的哺乳动物，也是地球上现存最大的动物。成年蓝鲸可重达150吨，光是它的大舌头就重约4吨。

最长的翅膀
漂泊信天翁是翅膀最长的鸟类，从一翼的尖端到另一翼尖端的长度超过3.5米。它有时一天可飞行900千米。

长尾巴
中美洲的雄性凤尾绿咬鹃的尾羽十分长，有的甚至比它的身体长两倍以上。它以这些羽毛来吸引雌鸟，在繁殖季节结束后，这些羽毛便会脱落。

蝶中巨人
巴布亚新几内亚的亚历山大女皇鸟翼凤蝶，是世界上最大、最重的蝴蝶，它的翅展可达28厘米长。

陆上最大的动物
非洲象是地球上体形最大的陆上动物，一头成年的公象约重6吨，肩高3.5米。成年象的一根牙齿重4.5千克。

最长的脖子
非洲草原上的长颈鹿高达5.5米，它的长脖子只有7节颈椎，与人和其他哺乳动物的脖子相同。长颈鹿的舌头长45厘米。

最小的鸟
古巴的吸蜜蜂鸟是世界上最小的鸟，成年雄鸟仅有6厘米长，其中尾巴和嘴就占了一半。

最重的昆虫
巨大花浅金龟重达100克，是世界上最重的昆虫。

最小的哺乳动物
稀有的泰国凹脸蝠，是最小的陆上哺乳动物，它的翼展只有15厘米，重量则不到2克。

最快的飞行者
游隼是飞行速度最快的动物，当它从空中俯冲下来攫取猎物时，速度至少达每小时180千米。

最快的走兽
非洲的猎豹短距离奔跑的速度可达每小时100千米，但它很容易疲劳，必须经常停下来休息，恢复体力。

缓缓而行
南美洲的三趾树懒在地面上行走时，速度每分钟仅2米远。它在树上攀爬的速度稍快些，每分钟最快可达3米。

跳跃冠军
一只普通的跳蚤一跳可达19厘米高，是它自己体长的130倍。向前一跳可达33厘米远。

巨大的巢穴
某些非洲白蚁所筑的巢穴又高又窄，可高达8米。每个蚁穴可容纳500万只白蚁。

产卵最多的鱼
翻车鱼是产卵最多的鱼类以及脊椎动物。曾有人发现一条雌翻车鱼怀着3亿颗鱼卵。

杀夫者

雌性黑寡妇蜘蛛在交配后常常会吃掉配偶。它的毒性比一条响尾蛇的毒性要强15倍。

最凶猛的鱼

南美洲的食人鱼以能够杀死牛、马、人而闻名于世。可事实上，食人鱼虽然有着锋利的牙齿和强大的咬合力，但它们只能对付那些正在死亡或已经死亡的大型动物，有些种类也会吃其他的食人鱼。

长舌头

变色龙的舌头非常长，比它的身体还长。它以闪电般的速度伸出长舌，以具有黏性的舌尖捕获昆虫。

会说话的鸟

人工饲养的鹦鹉能够学会说话。它们还能学会辨认颜色、形状和数字。

含在口腔里

黄斑口孵鱼为了保护小鱼，会把它们含在嘴里，小鱼要进食时再把它们吐出来。

大嘴巴

非洲的食蛋蛇能吞下相当于其头部两倍大的蛋。它的双颚有特殊的韧带，可让颚张大，使它吞入的蛋通过喉咙。

最长的旅程

每年，北极燕鸥会在北极和南极间往返迁徙一次，往返一次的路程为26000千米。

长命百岁

新西兰的楔齿蜥常常可活到120岁以上，它的卵得经过15个月才能孵化。

放臭气

北美洲的臭鼬遇到敌人时，会放出一股难闻的臭气，它能准确地击中约3.6米外的目标。

短命

蜉蝣的成虫只能活几天。它这几天多半是在寻找配偶。它的稚虫可活1年以上。

致命的剧毒

东南亚的眼镜王蛇是世界上最长的毒蛇之一，最长可达5.9米。

最吵闹的动物

栖息在中美洲雨林的红吼猴，是陆地上最吵闹的动物，它们的吼声在3千米以外都能听得到。

卵生的哺乳动物

澳大利亚的鸭嘴兽是一种极为罕见的哺乳动物，因为它是卵生的。小鸭嘴兽孵化后吃母乳，它们因此会把母兽腹部的毛皮吸吮掉。

濒临绝种的动物

如果没有大象、犀牛和熊猫，世界会是什么样子？如果这些动物从此消失，这将是个悲剧。动物不但使我们的世界成为一个多姿多彩、充满情趣的地方，对人类更有许多实质上的贡献：动物能为人类提供食物、药品，还能帮助我们种植农作物、载运重物。

自42.8亿年前地球出现生命以来，约有多达5亿种动植物曾在我们的地球上生存过。这么多年，有些动植物因环境改变而绝种，比较能顺应新环境的新物种则取代了旧有的物种。这种缓慢的变化过程称为进化。有些物种存活了几千万年而没有多大改变，有些物种只出现了几千年便已绝迹。

近来，由于人类的捕杀和对栖息地的破坏，许多物种正以远超过自然演化的速度面临绝种。地球上微妙的生态平衡可能因此打破。在这幅跨页图的下方，我们将介绍某些威胁动物生存的因素。在近300年来绝种的动植物中，有3/4是人为因素造成的。科学家认为，目前有几千种动植物正面临生存威胁。到本世纪末，地球上可能会有50%的物种将会消失。IUCN世界自然保护联盟，已经评估了超过93500种濒危动物。其中，近26200种物种面临灭绝的危险。

美洲鹤
蠵龟
加州秃鹰
海牛
沙漠地鼠龟
古巴鼩
圣文森亚马逊鹦鹉
山貘
倭蜘蛛猴
巨獭
加拉帕戈斯象龟
毛丝鼠
金狮面狨
大食蚁兽
达尔文蛙
北美洲
南美洲
太平洋
大西洋
西班牙猞猁
旋角羚

动物栖息地的破坏

西班牙猞猁

濒危动物生存的主要威胁，来自人类对动物栖息地的破坏。每种动物都有适应其生存的特殊环境，如果这种环境遭到破坏，通常它们也无法迁往别处。为了获取木材，或开垦耕地、采矿、辟路及兴建城市，人们砍伐森林，使得曾在那里生活的西班牙猞猁或大猩猩等动物面临生存的危机。树木一旦被砍伐，土壤便会被雨水冲走，或被大风吹走，留下的荒地却对人或动物都毫无用处。为了有更多的空间容纳迅速增加的人口，沼泽地带都被排干水分；为了增加农业用地，便于农业机械耕作，树篱均被挖除；为了修筑大坝以供应城市用水和电力，有些土地也被水淹没；在某些国家，为了开采地下矿藏或石油，大面积的乡野土地也因此遭到破坏。

捕猎和采集

尖翅蓝闪蝶

人们为了消遣，或想从动物身上获取珍贵的部位，猎杀了许多动物。比如豹、猎豹、小豹猫和凯门鳄等有着漂亮毛皮的动物，因为它们的毛皮可用来制作大衣、皮鞋或袋子而遭到捕杀。这类捕杀多数是非法的，但只要有人愿意买这些货品，猎捕就会继续进行。再比如，犀牛因为它们的角可用来制作刀柄或中药而被捕杀。

过去，人们从野外捕获许多动物，作为科学研究的一部分；现在科学家较喜欢将它们养在自然环境里，但有些野生动物仍被提来作为医学研究，或当宠物出售。一些稀有的蝴蝶，如尖翅蓝闪蝶，便因蝴蝶收藏者的采集而受到生存威胁。很多稀有的鸟类也因人们偷取鸟蛋用于收藏而面临绝种。

在中非，可能只有约300只大猩猩幸存。它们受到的威胁主要是赖以生存的森林栖息地遭到破坏。

自1945年以来，全世界有一半以上的雨林被破坏。每分钟都有一块面积相当于80个冰球场的雨林被破坏。照这样的速度，世界上所有的热带雨林将在50年内全部消失。

由于偷猎和森林栖息地被破坏，老虎的数量有所下降。现在，非法的虎皮、虎骨以及肉类交易仍在继续，其身体的很多部位也被用于传统医学研究。

毛皮大衣是一种奢侈品，不穿它们，我们也照样可以生存，我们甚至可以制作与真皮相仿的人造毛皮大衣。真正的毛皮大衣还是穿在动物身上比较好看。